中国老科协智慧助老行动科普丛书

老年人如何使用智能手机

中国老科学技术工作者协会　编写

哈尔滨出版社
HARBIN PUBLISHING HOUSE

图书在版编目（CIP）数据

老年人如何使用智能手机 / 中国老科学技术工作者协会编写.—哈尔滨：哈尔滨出版社，2021.10
ISBN 978-7-5484-6231-6

Ⅰ.①老… Ⅱ.①中… Ⅲ.①移动电话机－中老年读物 Ⅳ.TN929.53-49

中国版本图书馆CIP数据核字（2021）第188909号

书　　名：老年人如何使用智能手机
LAONIANREN RUHE SHIYONG ZHINENG SHOUJI

作　　者：中国老科学技术工作者协会　编写
责任编辑：王　健
责任审校：李　战
装帧设计：里奥设计工作室

出版发行：哈尔滨出版社（Harbin Publishing House）
社　　址：哈尔滨市香坊区泰山路82-9号　　邮编：150090
经　　销：全国新华书店
印　　刷：哈尔滨市石桥印务有限公司
网　　址：www.hrbcbs.com　　www.mifengniao.com
E-mail：hrbcbs@yeah.net
编辑版权热线：（0451）87900271　87900272

开　　本：787mm × 1092mm　1/16　印张：9　字数：100千字
版　　次：2021年10月第1版
印　　次：2023年11月第3次印刷
书　　号：ISBN 978-7-5484-6231-6
定　　价：48.00元

《老年人如何使用智能手机》
编委会

序

陈至立

信息技术尤其是智能手机已在现实生活中得到广泛应用并给人们带来更多福祉。但也不难发现，一部分老年人因存在“数字鸿沟”正面临着智能技术使用而引起的无奈和不便。

党中央、国务院高度重视解决老年人运用智能技术困难问题，2020年11月国务院办公厅专门下发了《国务院办公厅印发关于切实解决老年人运用智能技术困难实施方案的通知》。为贯彻落实《通知》精神，中国老科学技术工作者协会、中国科学技术协会科普部联合制定了《智慧助老行动三年计划》，其目的就是要解决老年人日常生活涉及的高频事项，让老年人也能更好地共享信息化的发展成果，满足老年人对美好生活的需要。

紧跟新时代步伐，顺应新征程需求。由黑龙江省老科学技术工作者协会、哈尔滨市科学技术协会指导，哈尔滨市老科学技术工作者协会组织专家编撰的《老年人如何使用智能手机》一书和大家见面了。作为面向老年人的科普读物，本书深入浅出、图文并茂，以独特的角度对智能手机的功能和使用做出较全面的解读，“手把手”地教老年人如何操作智能手机，是老科协在推动科技为民服务方面更好发光发热的生动实践。相信本书能帮助老年人跨越目前面临的“数字鸿沟”，使老年朋友不断提高适应智慧社会发展能力，共享智慧社会便利，晚年生活有更多获得感、幸福感和安全感！

愿本书能成为老年朋友的良师益友。

2021年2月

目 录

第一章 智能手机的基础操作

和“老人机”相比，智能手机摒弃了实体键盘，并采用尺寸更大、可用手指触摸操作的显示屏，显示效果更好，操作也更加直观和人性化，上手难度大大降低。

那么，什么是智能手机呢？

智能手机是指像电脑一样，具有独立的操作系统，可以由用户自行安装软件、游戏等第三方程序，通过此类程序来不断对手机的功能进行扩充，并可以通过流量或Wi-Fi网络来实现无线上网的这样一类手机的总称。

智能手机的使用范围已经布满全世界。全球多数手机厂商都有智能手机产品。按平时常见的手机操作系统可分为安卓（ANDROID）和苹果（IOS）两大类系统，其中安卓系统的手机常见品牌有小米（MI）、华为（HUAWEI）、荣耀（HONOR）、魅族(MEIZU)、OPPO、VIVO、三星（SAMSUNG）等等。下面就以荣耀9手机为范例，来学习如何使用智能手机。

扫一扫看本节视频讲解

1. 点与滑、推与拉

点与滑、推与拉是触屏手机最基础的操作。老年朋友们刚开始使用触屏手机时可能会不太习惯，适应一段时间后就会感受到触屏手机的方便。下面将对触屏手机进行详细讲解。

①点击

“点击”即轻触手机屏幕一次。无论什么系统的触屏手机，点击都是使用频率最高的基础操作。“点击”主要用于启动应用程序、选择功能项目、按下虚拟控制键、使用虚拟键盘输入字符等，如下图所示。

②双击

“双击”是指在短时间内连续点击手机屏幕两次。该操作主要

用于快速缩放或暂停。例如，浏览图片或文章时，双击屏幕可使图片或文字放大缩小；使用某些视频应用程序播放视频时，双击可暂停或继续播放。

③长按

“长按”也称“点住”或“按住”，是用手指按住手机屏幕超过两秒钟，常用于调出功能菜单或在多个并列项目中选中某一项目。例如，在“微信”上长按将弹出功能菜单，如下图所示。

④拖动

“拖动”是指“按住并移动手指”到想要放置的位置后松手。该操作常用于编辑手机桌面及卸载应用程序等。例如，对桌面图标或小组件的位置进行调整。

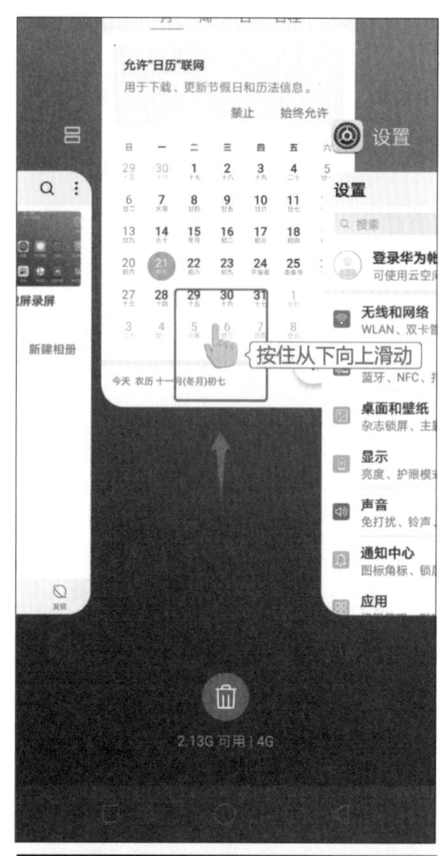

⑤滑动

“滑动”是指快速移动手指一段距离后再抬起手指，用于在手机桌面或某些应用程序中切换页面。例如，在主页面中向左或向右滑动来切换页面，如上图所示。

⑥上推

“上推”是指手指在手机屏幕上向屏幕顶端滑动。该操作主要用于关闭单个后台运行程序，如右上图所示。

⑦下拉

“下拉”是指手指在手机屏幕上向屏幕底端滑动。该操作主要用于调出下拉通知栏或锁定后台运行程序，如前页下图所示。

2. 手机如何连接网络

智能手机要连接网络才能尽其所长。下面将详细讲解如何用智能手机连接Wi-Fi网络或移动数据。

连接Wi-Fi网络

①点击“设置”

在手机桌面找到并点击“设置”图标，此图标也可在下拉菜单中的右上角找到，通常“设置”按钮都是齿轮形状的。

②点击“无线和网络”和“WLAN”

先点击“无线和网络”进入网络菜单，然后再点击“WLAN”

进入下一级菜单。

③打开“WLAN”

进入“WLAN”界面后，可看到右侧的按钮呈灰色，即关闭状态。点击该按钮打开“WLAN”，打开后按钮变成蓝色，即打开状态。

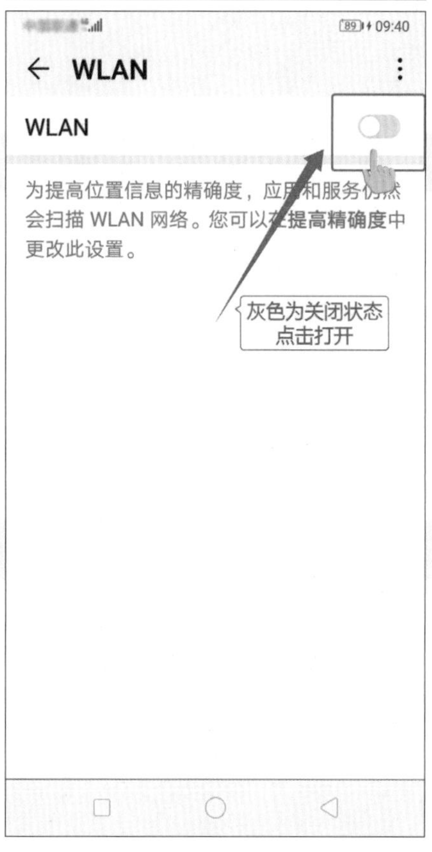

④点击要连接的Wi-Fi

此时可看到灰色按钮变成蓝色了，WLAN即为打开状态，下面出现了多个无线网络，点击要连接的Wi-Fi。

⑤连接Wi-Fi

在弹出的对话框中输入要连接Wi-Fi网络的密码，然后点击下方的“连接”按钮进行连接。

⑥查看是否连接成功

在下方的网络列表里，可以看到刚才连接的Wi-Fi网络已经连接成功，下方显示“已连接”，此时就可以上网了。

连接移动数据网络

①点击“移动网络”

同样是在“设置”—“无线

和网络”中，找到并点击“移动网络”按钮，进入下一界面。

②打开“移动数据”

进入“移动网络”界面后，可看到移动数据右侧的按钮呈灰色，即关闭状态。点击该按钮打开“移动数据”，打开后按钮变成蓝色，即打开状态。

扫一扫看本节视频讲解

3. 字体大小调整

视力不好有办法，字体大小可

变化。手机系统界面字体的大小对手机的使用体验影响很大，学会自由调节手机系统界面字体的大小，对于视力不再敏锐的老年朋友来说非常重要。

①点击“设置”和“显示”图标

打开手机，在手机桌面找到并点击“设置”图标，此图标也可在下拉菜单中的右上角找到。进入设置界面后，找到“显示”图标，并点击“显示”。

②点击“字体与显示大小”

在“显示”界面中，找到“字体与显示大小”按钮，点击它进入下一个界面。

③调整字体大小

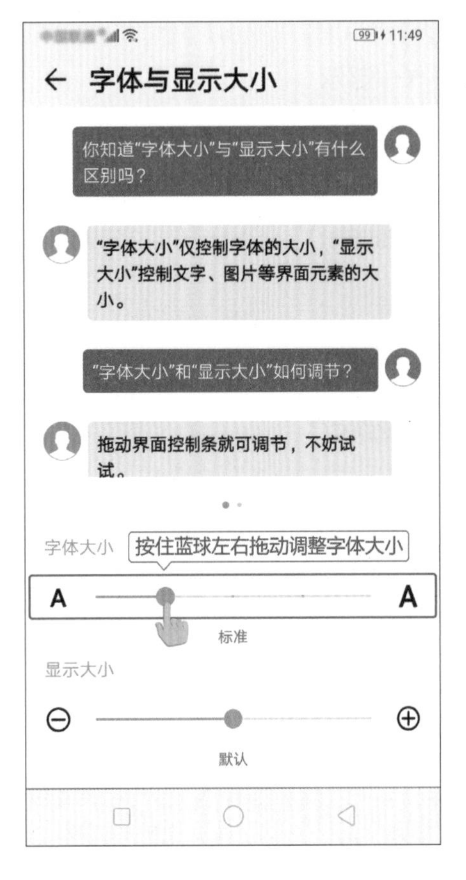

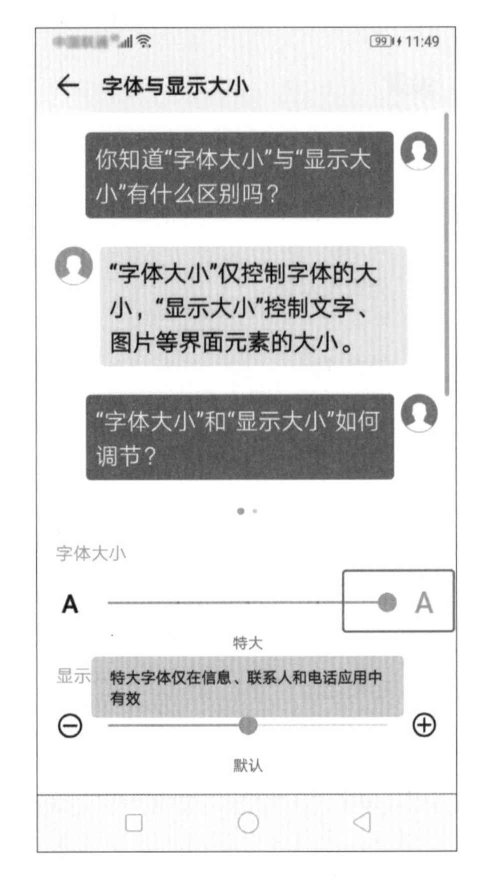

在“字体大小”的拖动轴上，字体默认为标准大小。此时，可以左右拖动蓝色圆球来调整字体的大小。

④查看字体大小变化

在把字体调整成特大以后，可以明显看到当前界面字体的大小变化，此时返回到桌面主界面也可以看到各个程序图标下面的字体也同样发生了变化。

扫一扫看本节视频讲解

4. 音量大小调整

年龄增加听力差，手机音量可调大。随着年纪的增大，大多数老年朋友的听力也在逐渐下降，为了避免因为没有听到铃声而错过电话或短信，老年朋友需学会调整手机的音量大小。

①点击“设置”和“声音”

打开手机，在手机桌面找到并点击“设置”图标，此图标也可在下拉菜单中的右上角找到。进入“设置”界面后，找到“声音”图标，并点击“声音”。

②调整各项声音的大小

进入“声音”界面以后，会看到几个声音调整的选项，分为媒体、铃声、闹钟和通话。媒体就是手机播放视频、听歌时的音量；铃声就是来电话或者来短信时手机铃声的音量；闹钟就是闹钟响起时的音量；通话就是接打电话时通话的音量。同样通过左右拖动相关项的

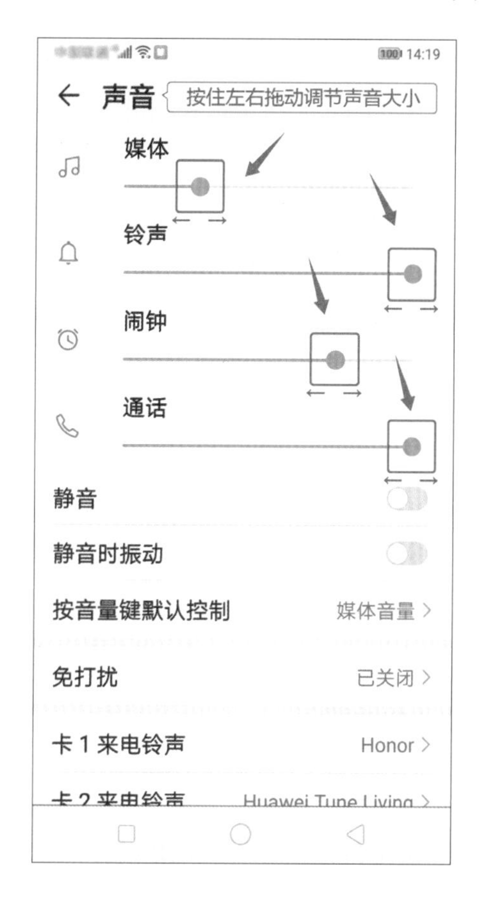

蓝色圆球来调整音量大小。也可以通过手机上的物理按键来实现音量大小的调节。

5. 应用商店下载软件

扫一扫看本节视频讲解

应用程序的下载与安装是智能手机的基本功能之一，各式各样的应用程序大大扩展了智能手机的应用范围。不同品牌的手机和平台又有不同名称的应用商店，例如，小米应用商店、华为应用市场、应用宝等等，如右图所示。

下面以华为的“应用市场”和“微信”为例，详细讲解如何通过应用商店搜索、下载、安装、卸载应用程序。

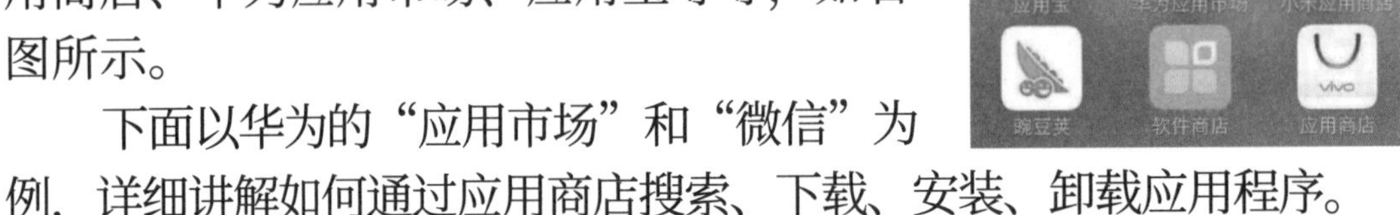

①打开并进入应用市场

在手机中找到“应用市场”图标，点击打开，进入到应用市场中。

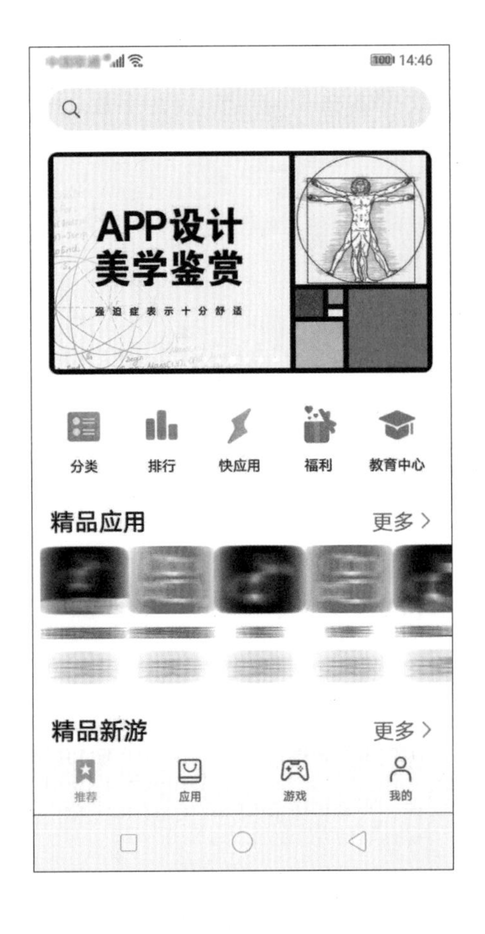

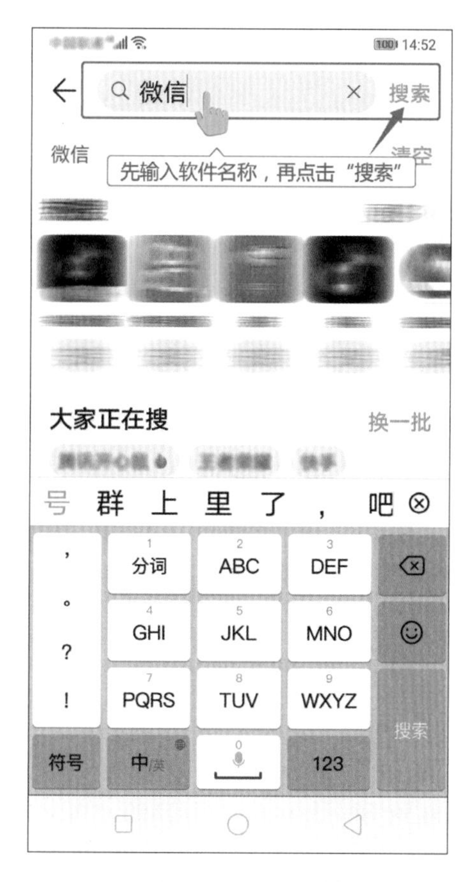

②在应用市场中搜索想要安装的软件

在市场上方的“搜索”栏中，输入想下载的软件名称，并点击后方的“搜索”按钮。

③下载并安装微信

点击完“搜索”按钮后，“搜索”栏的下方就会出现搜索的应用程序软件，点击软件后方的“安装”来进行该程序的下载安装。

④了解下载安装进度

点击“安装”以后，应用程序

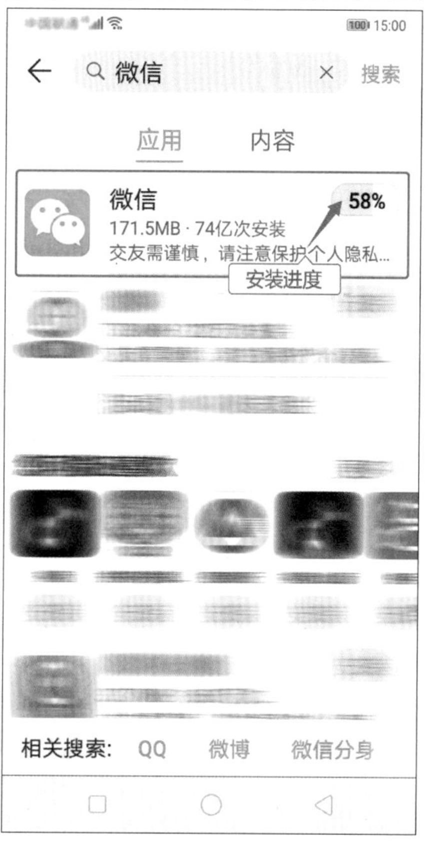

就会进行自动下载并安装软件到手机中，此时软件名字后方，刚刚点击“安装”按钮的位置会显示当前下载安装的总体进度百分比。

当软件安装好之后，软件后方会出现“打开”字样的按钮，此时软件已经安装成功，点击“打开”按钮就可以打开这个软件了，同样在桌面也可以找到这个软件的图标。

通过这个“打开”按钮，老年朋友也可以了解到哪些软件安装过，哪些没有安装过。有些朋友手机中安装的软件比较多，图标摆放也比较杂乱，当想用某软件时在桌面上找不到，误认为这个软件没有安装过。这个时候就可以去应用商店搜索。如果搜索出的软件后面显示的是“打开”字样，说明这个软件已经存在于手机中，并不需要下载，只需要找到它或者点击后面的“打开”按钮就可以了。

⑤卸载不需要的软件

在手机中常常有一些长期不用的软件，或者不小心下载安装的软件，如何来清除它们呢？这时候就需要学习手机的卸载功能。

在手机中找到想要卸载的软件图标并"长按"（没错，就是第一章中学到的基本操作方法，如果忘记了可以回去再复习一遍）。长按之后，想卸载的软件会弹出一个菜单，点击菜单中的"卸载"按钮。

点击"卸载"后，手机会弹出一个提示框，询问是否卸载程序，此时再次点击"卸载"，这个程序就从手机中删除了。

★注意：卸载软件会同时删除该软件所关联的数据信息。例如，卸载微信后，微信中的聊天记录，微信群中接收的图片、小视频等都会被清除。

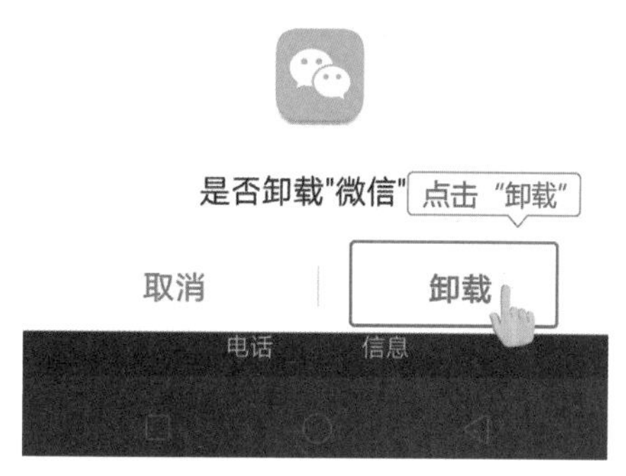

6. 输入法设置

扫一扫看本节视频讲解

在智能手机上输入文本信息是必不可少的操作，此时就要用到输入法功能。目前智能手机上的主流中文输入法是拼音输入法。用户通过敲击手机屏幕上显示的虚拟键盘输入汉语的拼音，输入法就会列出对应的汉字供用户点选。但拼音输入法的输入操作对拼音的拼写有较高的要求，对于老年用户来说操作有些难度，尤其是不熟悉汉语拼音或视力不好看不清楚键盘的朋友。但是不用担心，本节就来学习一下如何设置手写输入和语音输入。由于手机系统自带的输入法都不支持语音输入，所以需要下载安装“讯飞输入法”。

①下载安装“讯飞输入法”

用上一节学习到的方法下载安装“讯飞输入法”。

②设置默认输入法

安装完输入法后，系统默认的输入法并不是讯飞，而是系统自带的，这时需要去“设置”中把“讯飞输入法”设置成“默认”输入法。同样，在手机桌面找到并点击“设置”图标，进入设置界面以后，上滑手机屏幕，在最下方找到“系统”菜单并点击“系统”。

设置
电池
省电模式、耗电排行
存储
清理加速
健康使用手机
屏幕时间管理
安全和隐私
人脸识别、指纹、锁屏密码、密码保险箱
智能辅助
无障碍、智慧识屏、手势控制
用户和帐户
多用户、帐户
Google
管理 Google 服务
系统
机、语言和输入法
点击"系统"

系统
关于手机
软件更新
系统导航方式
语言和输入法
点击"语言和输入法"
日期和时间
手机克隆
备份和恢复
重置
简易模式
华为智慧能力
已关闭
用户体验改进计划

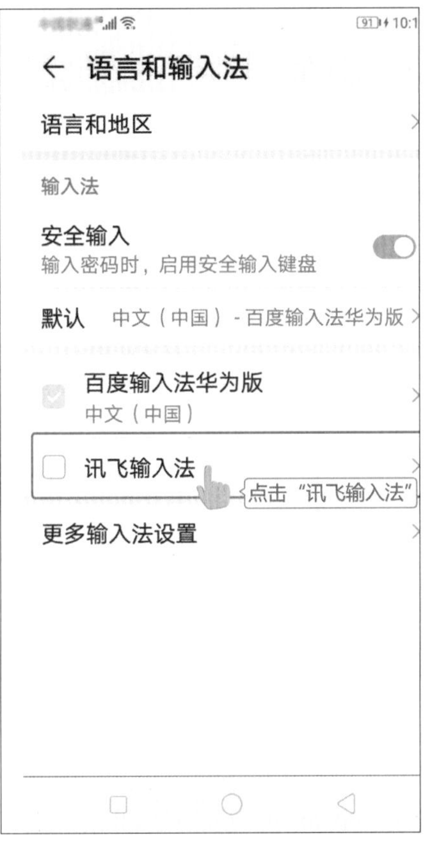
语言和输入法
语言和地区
输入法
安全输入
输入密码时，启用安全输入键盘
默认 中文（中国）- 百度输入法华为版
百度输入法华为版
中文（中国）
讯飞输入法
点击"讯飞输入法"
更多输入法设置

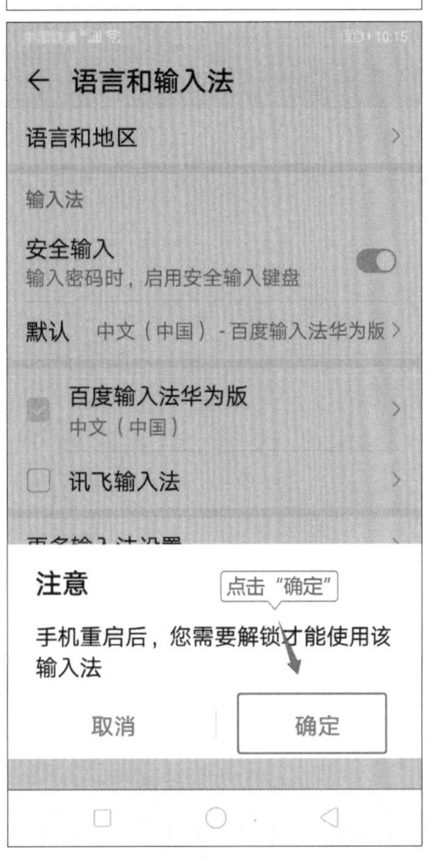
语言和输入法
语言和地区
输入法
安全输入
输入密码时，启用安全输入键盘
默认 中文（中国）- 百度输入法华为版
百度输入法华为版
中文（中国）
讯飞输入法
注意
点击"确定"
手机重启后，您需要解锁才能使用该输入法
取消
确定

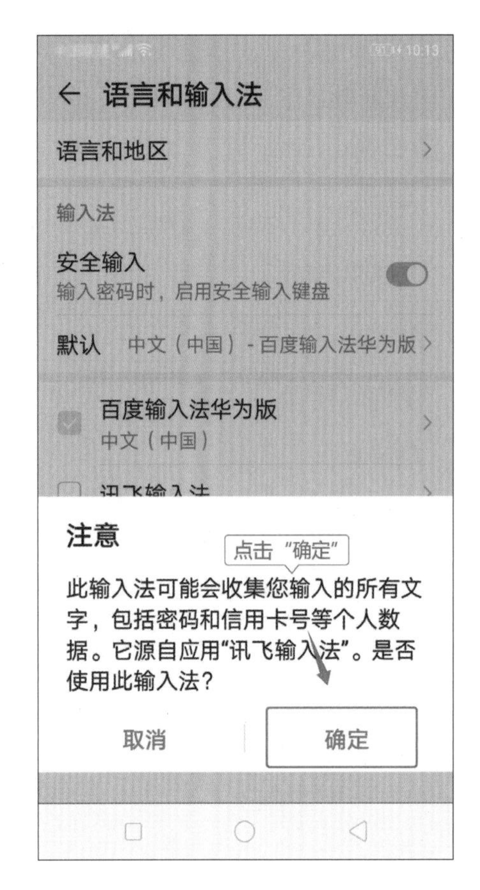

进入“系统”菜单后找到并点击“语言和输入法”，在“语言和输入法”菜单中找到“讯飞输入法”，并点击它前面的方框勾选它。勾选的时候，会弹出两个提示框，全部点击“确定”按钮即可。然后点击界面中的“默认”按钮，在弹出的框中选择“讯飞输入法”。

③给输入法开放权限

设置好默认以后，在短信里试一下如何使用。

在手机桌面找到并点击“信息”图标，进入短信界面以后，在

屏幕右下方找到"+"号点击新建一条短信。在"新建信息"界面的下方输入框里点击一下。此时会弹出"提示框"，点击"同意"。点击"同意"按钮以后，会弹出3个提示框要求获取权限，全部点击"始终允许"按钮。

④设置手写输入

获取完权限以后，接下来设置一下手写输入。

在展开的输入法界面中点击"小键盘"图标，再点击第三个"半屏手写"图标。此时就可以在下面的手写框中写字了。

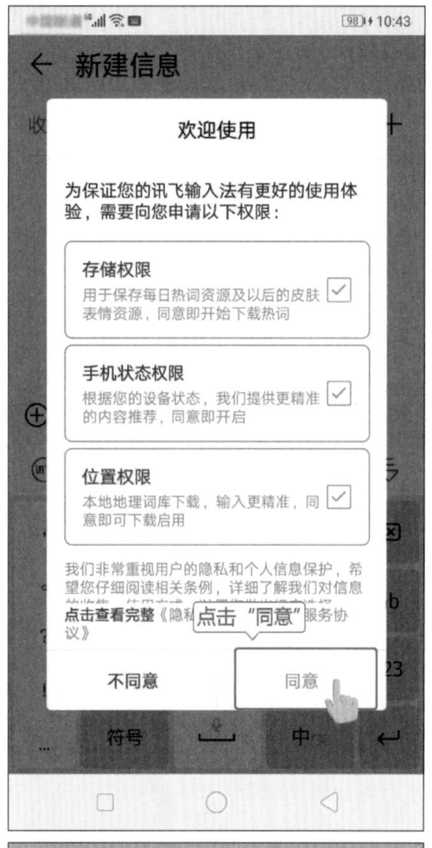
10:43
新建信息
欢迎使用
为保证您的讯飞输入法有更好的使用体验，需要向您申请以下权限：
存储权限
用于保存每日热词资源及以后的皮肤表情资源，同意即开始下载热词
手机状态权限
根据您的设备状态，我们提供更精准的内容推荐，同意即开启
位置权限
本地地理词库下载，输入更精准，同意即可下载启用
我们非常重视用户的隐私和个人信息保护，希望您仔细阅读相关条例，详细了解我们对信息
点击查看完整《隐私
服务协议》
点击“同意”
不同意
同意
符号
中

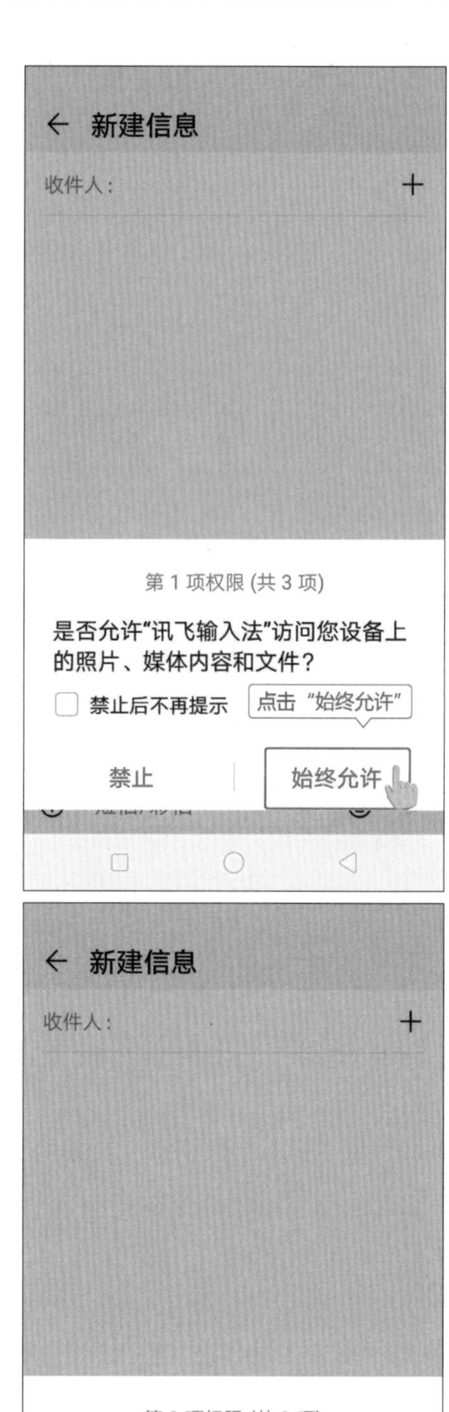
新建信息
收件人：
第 1 项权限 (共 3 项)
是否允许“讯飞输入法”访问您设备上的照片、媒体内容和文件？
禁止后不再提示
点击“始终允许”
禁止
始终允许

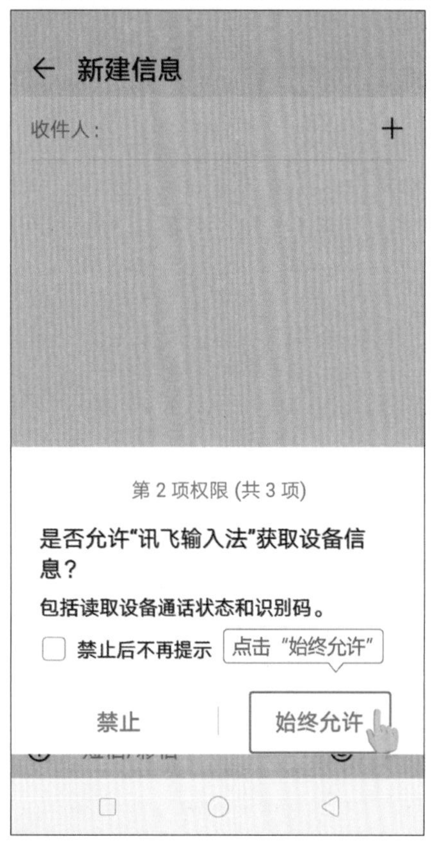
新建信息
收件人：
第 2 项权限 (共 3 项)
是否允许“讯飞输入法”获取设备信息？
包括读取设备通话状态和识别码。
禁止后不再提示
点击“始终允许”
禁止
始终允许

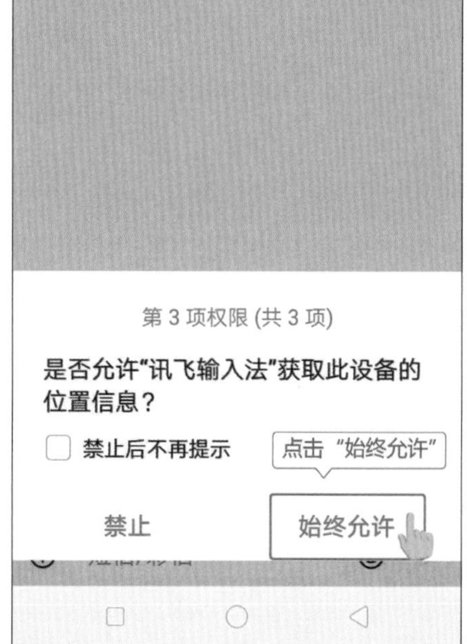
新建信息
收件人：
第 3 项权限 (共 3 项)
是否允许“讯飞输入法”获取此设备的位置信息？
禁止后不再提示
点击“始终允许”
禁止
始终允许

⑤设置语音输入

如果有些字忘记了如何写，还可以通过说话输入文字。

在“小键盘”按钮的旁边，有一个“话筒”按钮，点击它。同样需要先授权，点击“知道了”和“始终允许”来开启权限。这时再次点击“话筒”按钮并说话，说的内容就会自动填写到文本输入框中了。

本节操作步骤稍多，是因为第一次安装完输入法需要设置权限，下次再用的时候，步骤就会简单得多，只要耐心地跟着图文按步骤做，一定会成功的。

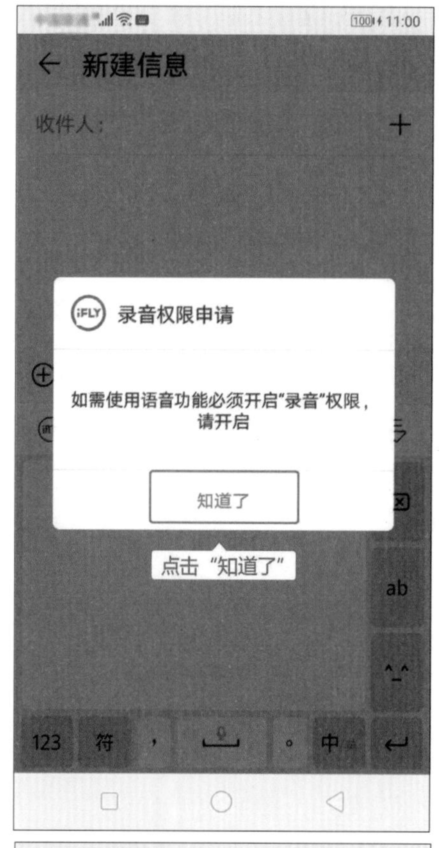
11:00
新建信息
收件人：
录音权限申请
如需使用语音功能必须开启"录音"权限，请开启
知道了
点击"知道了"
ab
123
符
中

新建信息
收件人：
是否允许"讯飞输入法"录制音频？
禁止后不再提示
点击"始终允许"
禁止
始终允许

11:01
新建信息
收件人：
自动填写
你好
普通话›
说完了

扫一扫看本节视频讲解

7. 垃圾清理

智能手机好比一台掌上电脑，因而不可避免会遇到后台运行程序和垃圾文件过多、木马和病毒入侵等问题。大多数人在使用完应用程序后，都是按手机主屏幕键返回桌面，而不是直接关闭程序。随着后台应用程序数量的增多，手机就会越来越卡顿，因此每隔一段时间，就需要清理手机后台程序和垃圾。本节就来学习如何关闭后台程序和清理手机中的垃圾文件。

①清理手机中的“垃圾文件”

在手机桌面找到并点击“手机管家”图标，进入手机管家。在手机管家中找到“清理加速”并点击进入清理界面。进入清理加速界面后能看到“垃圾文件”清理和“应用数据”清理，点击“垃圾文件”清理后面的“立即清理”按钮来进行垃圾文件的清理。清理完垃圾后“垃圾文件”的菜单将会消失，此时可以查看手机剩余存

储空间，对比出是否完成了清理，清理出了多少存储空间。

②关闭手机中的“后台应用程序”

点击手机上的“菜单”按钮，手机屏幕会弹出当前开启的全部应用程序，左右滑动可以查看当前都开启了哪些应用程序。滑动屏幕切换到想关闭的后台程序上，按住并上推就可以关闭这个后台程序。当然，也可以点击屏幕下方中间的“垃圾箱”按钮来关闭所有后台程序。

16:50
-17℃
7 / -17
12月20日星期日
微信
设置
手机管家
星期日
20
日历
相机
图库
浏览器
HUAWEI
应用市场
信息
点击“菜单”键

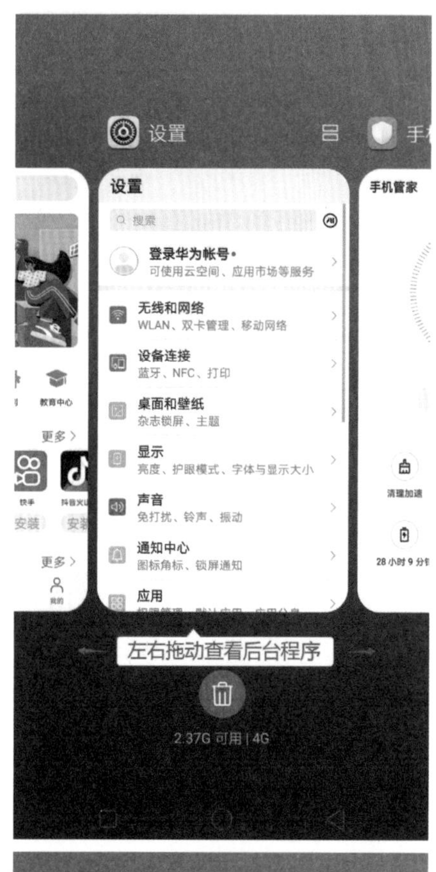
设置
设置
搜索
登录华为帐号
可使用云空间、应用市场等服务
无线和网络
WLAN、双卡管理、移动网络
设备连接
蓝牙、NFC、打印
桌面和壁纸
杂志锁屏、主题
显示
亮度、护眼模式、字体与显示大小
声音
免打扰、铃声、振动
通知中心
图标角标、锁屏通知
应用
手机管家
教育中心
更多 >
快手
安装
清理加速
28 小时 9 分
左右拖动查看后台程序
2.37G 可用 | 4G

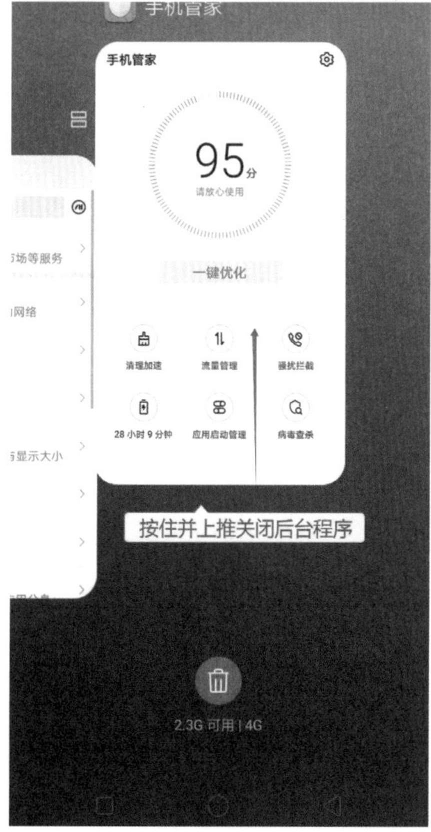
手机管家
手机管家
95分
请放心使用
一键优化
清理加速
流量管理
骚扰拦截
28 小时 9 分钟
应用启动管理
病毒查杀
按住并上推关闭后台程序
2.3G 可用 | 4G

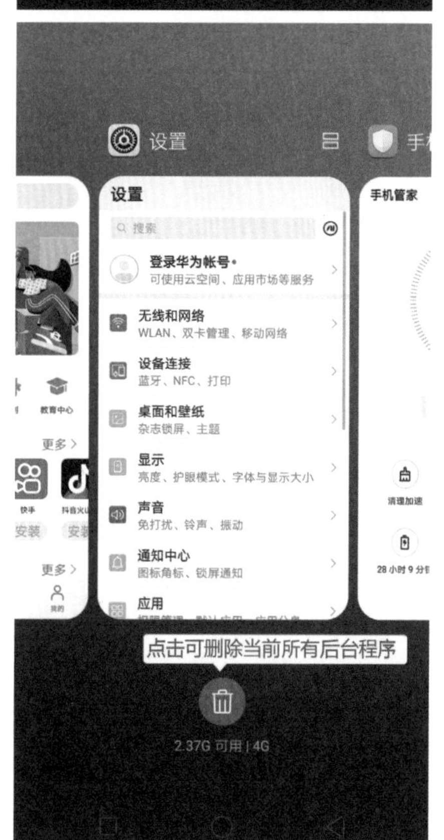
设置
设置
搜索
登录华为帐号
可使用云空间、应用市场等服务
无线和网络
WLAN、双卡管理、移动网络
设备连接
蓝牙、NFC、打印
桌面和壁纸
杂志锁屏、主题
显示
亮度、护眼模式、字体与显示大小
声音
免打扰、铃声、振动
通知中心
图标角标、锁屏通知
应用
手机管家
教育中心
更多 >
快手
安装
清理加速
点击可删除当前所有后台程序
2.37G 可用 | 4G

第二章 微信的日常使用

微信是一款即时通讯工具，它可以发送文字、图片、语音消息和视频等，并且消耗流量较少。使用微信进行社交，俨然成为了一种新的生活方式。本章将对微信的注册、登录、设置、认证、扫码付款、交费、出行等各个功能进行详尽的讲解。

1. 微信的注册和基础设置

扫一扫看本节视频讲解

①注册微信账号

在使用之前，先用第一章的方法下载并安装好微信，然后在桌面找到“微信”图标并“点击”进入微信。

进入微信后会看到屏幕下方有“登录”和“注册”两个按钮，先点击“注册”按钮来注册一个微信账号。

在注册界面填入昵称、手机号和想设置的密码，都填好以后，

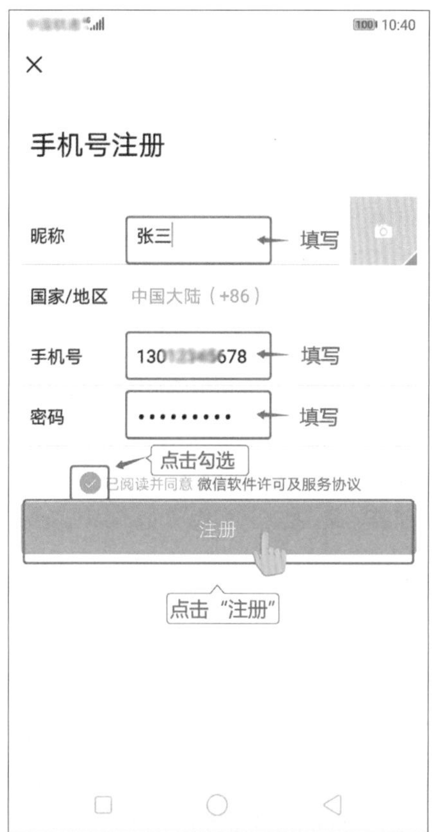
10:40
手机号注册
昵称
张三
填写
国家/地区
中国大陆（+86）
手机号
填写
密码
填写
点击勾选
已阅读并同意 微信软件许可及服务协议
注册
点击“注册”

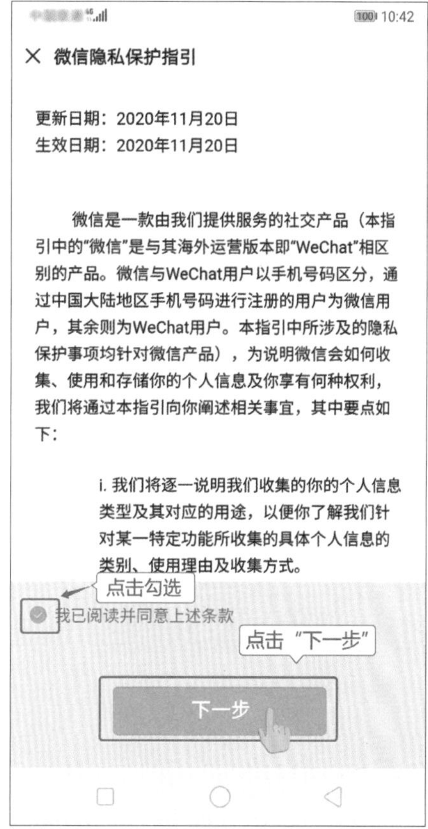
10:42
微信隐私保护指引
更新日期：2020年11月20日
生效日期：2020年11月20日
微信是一款由我们提供服务的社交产品（本指引中的“微信”是与其海外运营版本即“WeChat”相区别的产品。微信与WeChat用户以手机号码区分，通过中国大陆地区手机号码进行注册的用户为微信用户，其余则为WeChat用户。本指引中所涉及的隐私保护事项均针对微信产品），为说明微信会如何收集、使用和存储你的个人信息及你享有何种权利，我们将通过本指引向你阐述相关事宜，其中要点如下：
i. 我们将逐一说明我们收集的你的个人信息类型及其对应的用途，以便你了解我们针对某一特定功能所收集的具体个人信息的类别、使用理由及收集方式。
点击勾选
我已阅读并同意上述条款
点击“下一步”
下一步

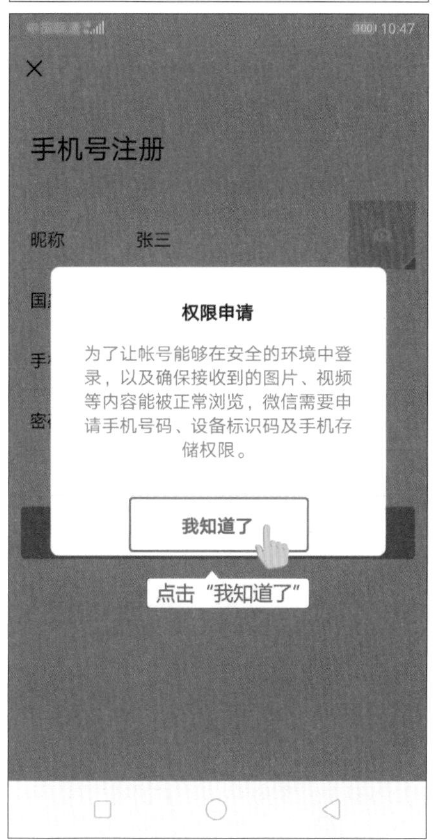
10:47
手机号注册
昵称
张三
权限申请
为了让帐号能够在安全的环境中登录，以及确保接收到的图片、视频等内容能被正常浏览，微信需要申请手机号码、设备标识码及手机存储权限。
我知道了
点击“我知道了”

10:49
手机号注册
昵称
张三
国家/地区
中国大陆（+86）
微信权限管理
存储
设备信息
包括读取设备通话状态和识别码
相机
不再提示已关闭权限
点击“确定”
取消
确定

勾选“已阅读并同意微信软件许可及服务协议”，点击“注册”。

在“微信隐私保护指引”界面，勾选下方的“我已阅读并同意上述条款”，点击“下一步”。

在弹出的“权限申请”界面点击下方的“我知道了”。

在“微信权限管理”界面点击下方的“确定”。

稍等几秒钟后，会弹出“安全验证”界面，点击下方的“开始”按钮。

拖动下方的按钮，使上方的拼图向右移动并对齐拼图。

在“发送短信验证”界面，点

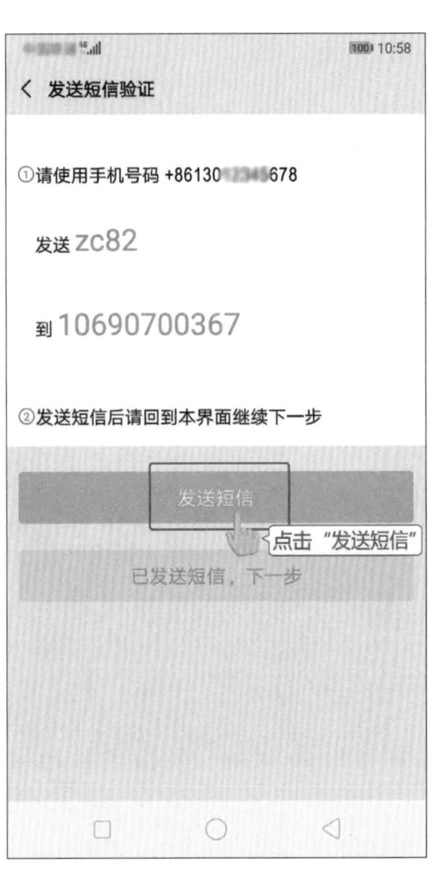

11:05
新建信息
收件人： 10690700367
点击直接发送
zc82
156 / 1

16:50
-17℃
-7 / -17
12月20日星期日
再点击“微信”
微信
设置
手机管家
20
日历
相机
图库
浏览器
应用市场
先点击返回桌面

10:58
发送短信验证
①请使用手机号码 +86130　678
发送 zc82
到 10690700367
②发送短信后请回到本界面继续下一步
发送短信
已发送短信，下一步
点击“下一步”

11:13
微信(5)
腾讯新闻
11:10
微信团队
11:10
微信团队欢迎你。很高兴你开启了微信生活，...
微信
通讯录
发现
我

击屏幕下方的“发送短信”，手机会把屏幕上的信息自动填写到短信界面，只需要点击“发送短信”即可。

发送完短信以后，按屏幕下方中间的按钮返回到桌面，再点击“微信”回到注册界面。

在“发送短信验证”界面，点屏幕下方的“已发送短信，下一步”按钮。

此时，微信账号就注册好了。

②登录微信账号

如果老年朋友已经有微信号了，那可以直接点击微信主界面左下角的“登录”。

进入登录界面后，输入注册微信时填写的手机号，点击“下一步”。

然后输入注册时设置的密码，点击“登录”，就可以进入微信了。

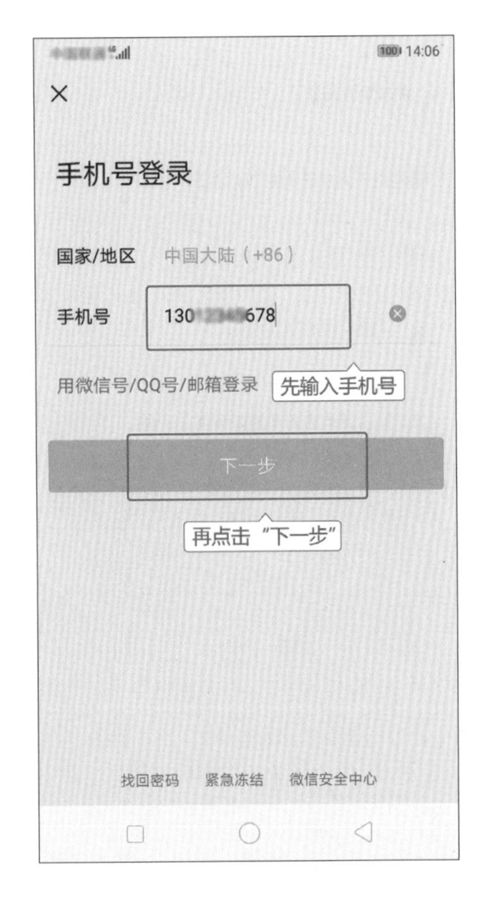

如果已经忘记了注册时设置的密码，也不要着急，还可以通过短信验证码来登录。

在输入密码的界面不输入密码，直接点击下方的“用短信验证码登录”按钮。

在输入验证码界面，点击右侧的“获取验证码”按钮。

此时手机会收到一条短信，是一组6位的数字。把这组数字填入到验证码输入框中，再点击下方的“登录”按钮，就可以成功登录微信了。

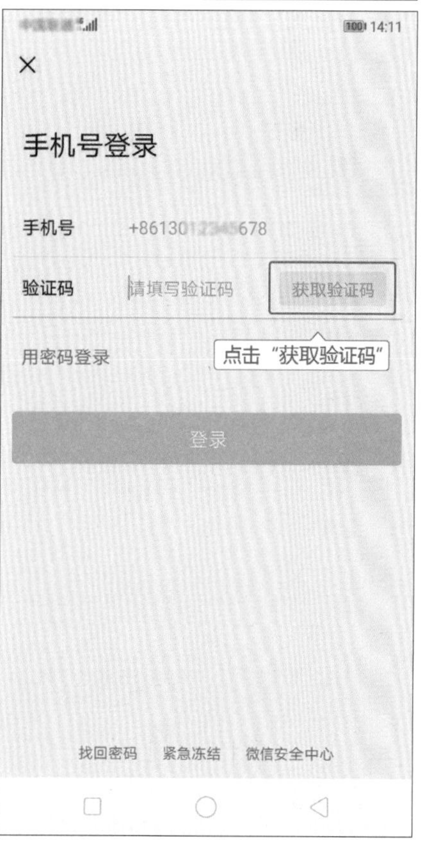

③个人资料修改

微信中的个人信息是展示自己的窗口之一，好友之间可以通过设置的头像、昵称以及个性签名等识别对方，并了解对方的一些喜好，从而增进交流。下面来设置一下个人资料。

首先，来修改一下头像。在微信中点击右下角的“我”按钮，再点击自己的“头像”。

此时会进入个人信息界面，点击“头像”空白处。

选择一张喜欢的图片，再点击“确定”，这样头像就修改好了。

其次还可以修改自己的网名。

点击“个人信息”页面中的“昵称”，输入确定的名字，点击“保存”。

到此个人的基本资料就改好了，是不是非常简单。当然，还可以修改自己的微信号，以及在更多信息中修改性别、地区、个性签名。

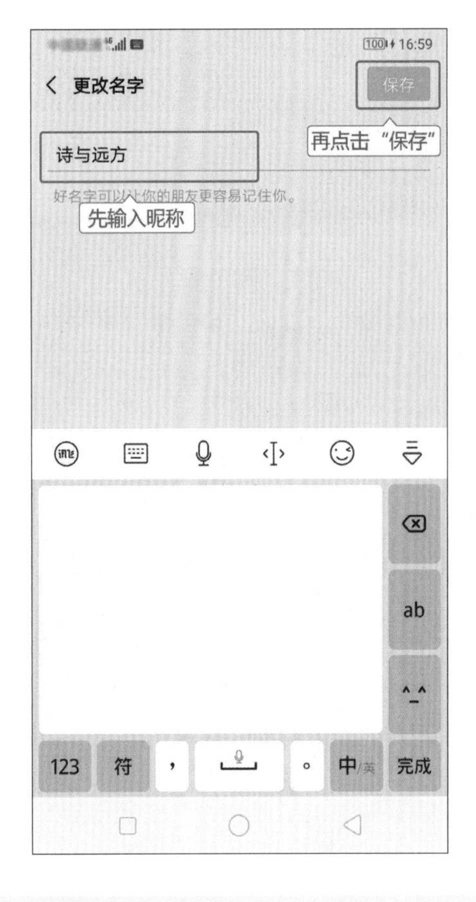

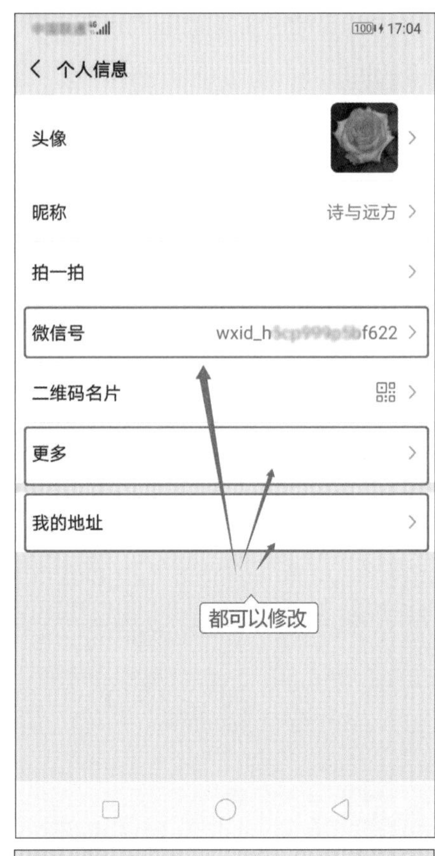

④添加微信好友

要用微信与好友交流，就要先添加好友的微信账号。微信中添加好友的方式有多种，输入微信号、QQ号、手机号都能添加好友。

下面以“输入手机号添加好友”的方式为例进行详细的讲解。

打开微信，点击微信右上角的“+”号按钮，在展开的列表中点击“添加朋友”按钮。

在添加朋友界面中，点击上方的搜索框，在输入框中输入手机号（当然也可以输入微信号、QQ号），再点击下面的“搜索”。

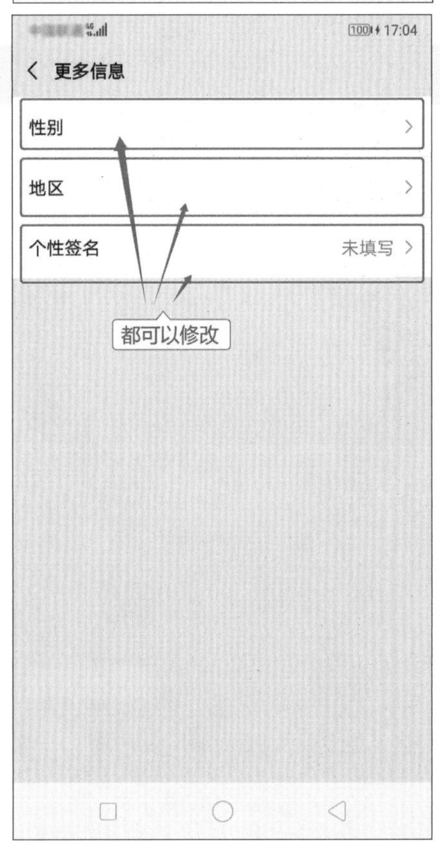

如果手机号或者微信号填错了，有可能搜索到的就是另外一个人，而不是自己想添加的朋友。所以添加的时候一定要保证输入信息的准确性。

在手机号或者微信号填错了的时候还会出现另一种情况，就是干脆什么都搜索不到，会提示您“该用户不存在”。

如果填写的手机号是准确的，那么就会搜索到该好友，点击界面下方的“添加到通讯录”。

在输入框中填写想说的话，再点击上方的“发送”按钮，就可以等着好友同意并通过申请验证了。

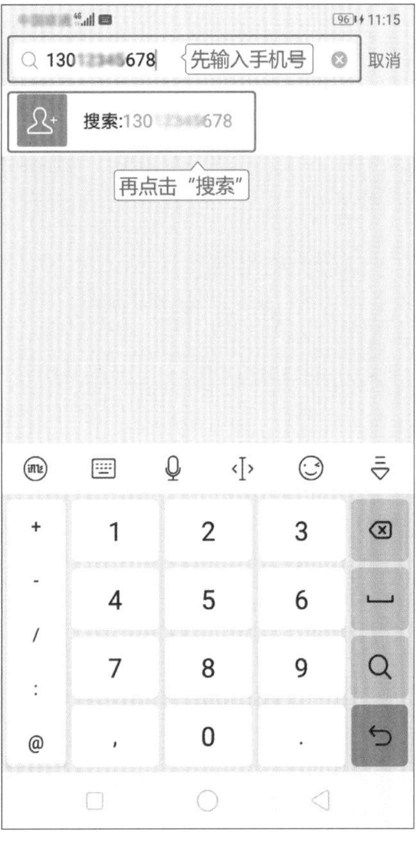

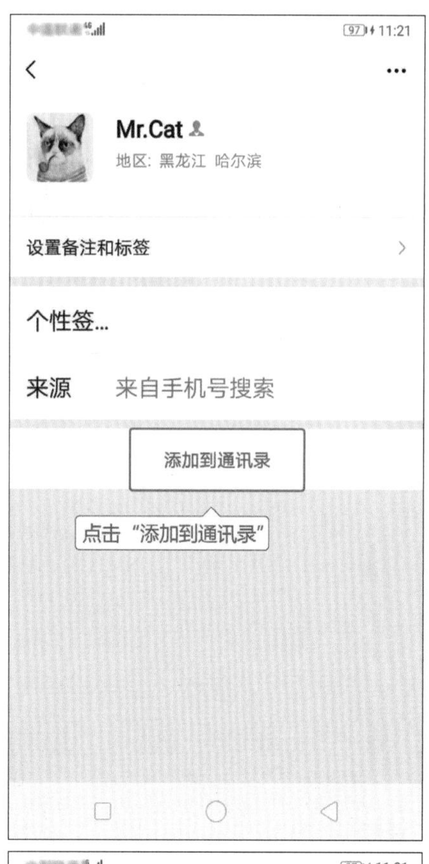

也可以让朋友添加自己为好友，自己再通过他的好友验证。当朋友添加自己为好友时，在微信下方的“通讯录”一栏会有提醒，提示有一条好友申请。

点击“通讯录”按钮，能看到具体是谁想添加自己为好友，点击这条申请记录，如果想让他添加自己为好友，点击记录后面的“接受”按钮。

在通过验证的界面，先备注一下朋友的名字，再点击右上角的“完成”按钮，这样就成功地同意了朋友添加自己的申请。

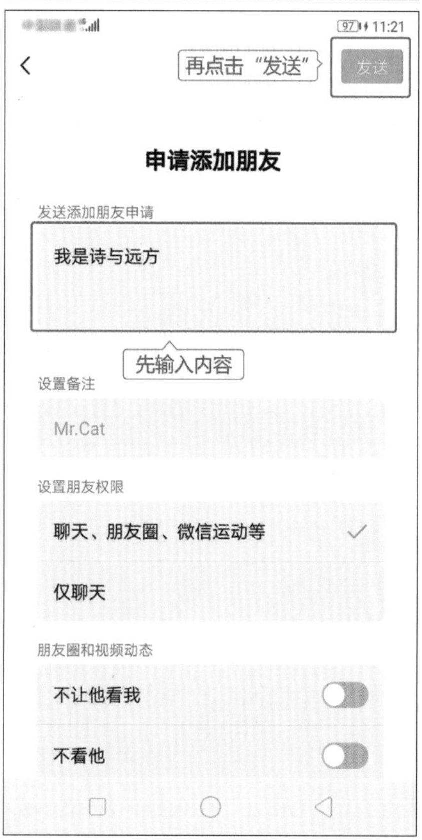

微信
腾讯新闻
10:43
微信团队
周三
提示1条好友申请
微信
通讯录
发现
我

通讯录
Mr.Cat
我是你的老友 猫先生
群聊
点击
标签
公众号
微信团队
诗与远方
1位联系人
微信
通讯录
发现
我

新的朋友
添加朋友
微信号/手机号
添加手机联系人
近三天
Mr.Cat
我是你的老友 猫先生
接受
点击"接受"

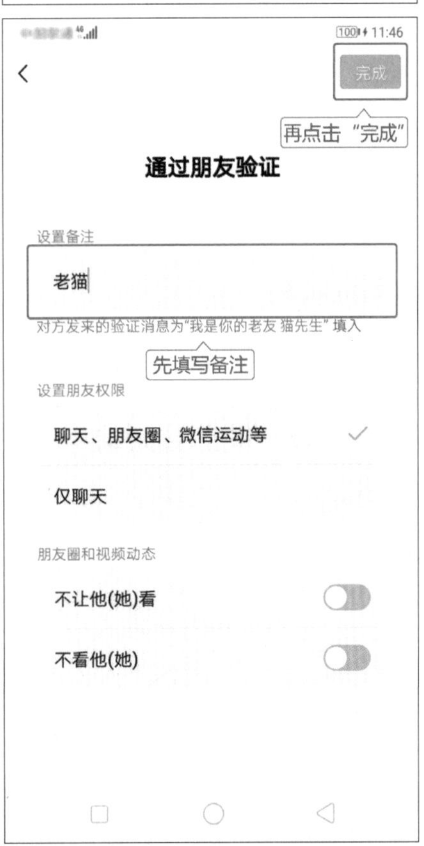
完成
再点击"完成"
通过朋友验证
设置备注
老猫
对方发来的验证消息为"我是你的老友 猫先生" 填入
先填写备注
设置朋友权限
聊天、朋友圈、微信运动等
仅聊天
朋友圈和视频动态
不让他(她)看
不看他(她)

⑤与微信好友聊天

与好友进行交流是使用微信的主要目的之一。微信中的交流方式有多种，如文字聊天、语音聊天、实时语音通话、实时视频通话。下面就对这些方式进行详细讲解。

点击微信下方的“通讯录”，选择个人的好友并点击。

点击好友界面中的“发消息”按钮。

在下方文本输入框中输入想发送的文字，然后按“发送”键，就可以发送文字消息了。

如果不想打字，也可以发送语音消息。点击左下角的按钮切换成

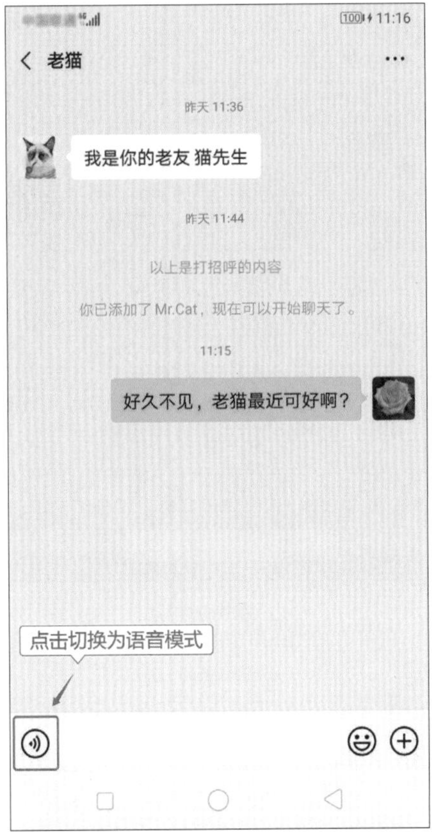
老猫
昨天 11:36
我是你的老友 猫先生
昨天 11:44
以上是打招呼的内容
你已添加了 Mr.Cat，现在可以开始聊天了。
11:15
好久不见，老猫最近可好啊？
点击切换为语音模式

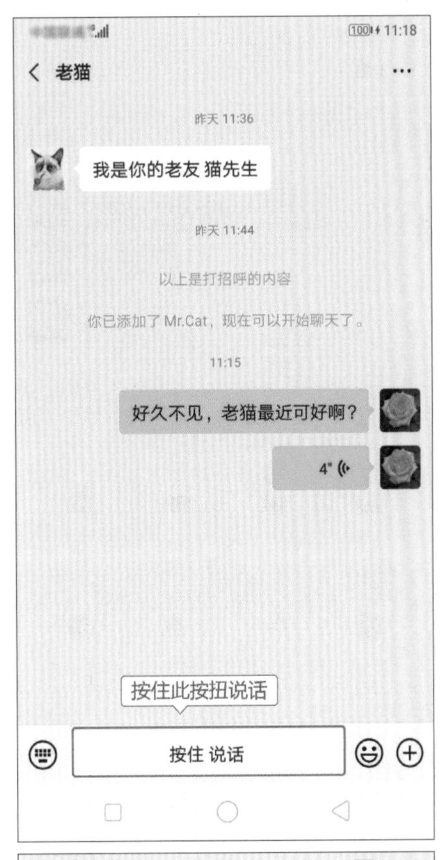
老猫
昨天 11:36
我是你的老友 猫先生
昨天 11:44
以上是打招呼的内容
你已添加了 Mr.Cat，现在可以开始聊天了。
11:15
好久不见，老猫最近可好啊？
4"
按住此按扭说话
按住 说话

语音录制中
上滑取消或转文字

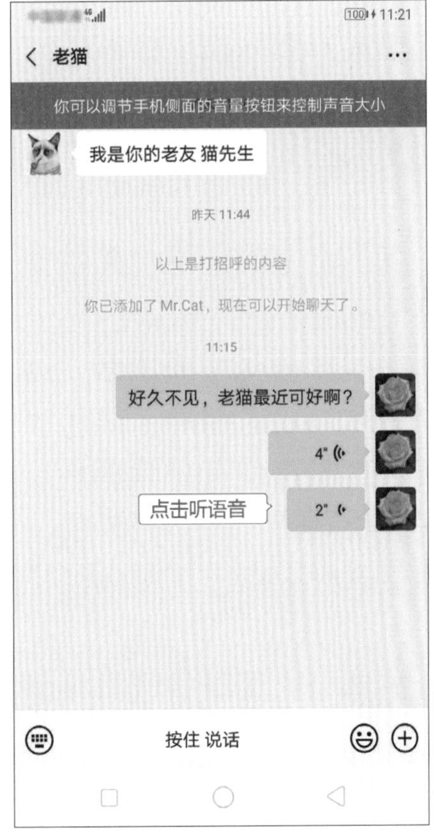
老猫
你可以调节手机侧面的音量按钮来控制声音大小
我是你的老友 猫先生
昨天 11:44
以上是打招呼的内容
你已添加了 Mr.Cat，现在可以开始聊天了。
11:15
好久不见，老猫最近可好啊？
4"
点击听语音
2"
按住 说话

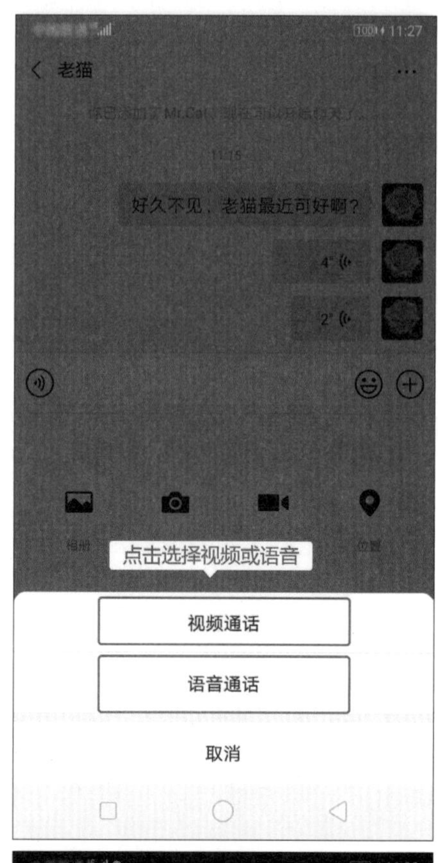

语音模式，然后按住中间的“按住说话”按钮对准手机说话，说完话后松开手指，语音消息会自动发送出去。

点击上方的任意一条消息也可以听语音内容。

除了发送文字或语音内容，还可以给对方发送图片、红包以及进行实时的语音或者视频通话。点击输入框后面的“+”号按钮，在弹出的菜单栏中点击“视频通话”按钮。

在弹出的菜单中选择视频或者语音通话。

选择“语音通话”后，对方

微信会响起手机铃声。只需要等待对方接听即可，也可以中途按“取消”按钮来结束通话。

视频通话与语音通话的区别在于，视频通话可以在屏幕中看到自己和对方手机摄像头的实时图像并听到声音，而语音通话只可以听到声音，就像通过电话号码打电话一样。

⑥调整微信字体大小

前面讲解过手机字体大小的调整。这一小节来看一下微信中的字体大小如何调节。

在微信中点击“我”，再点击

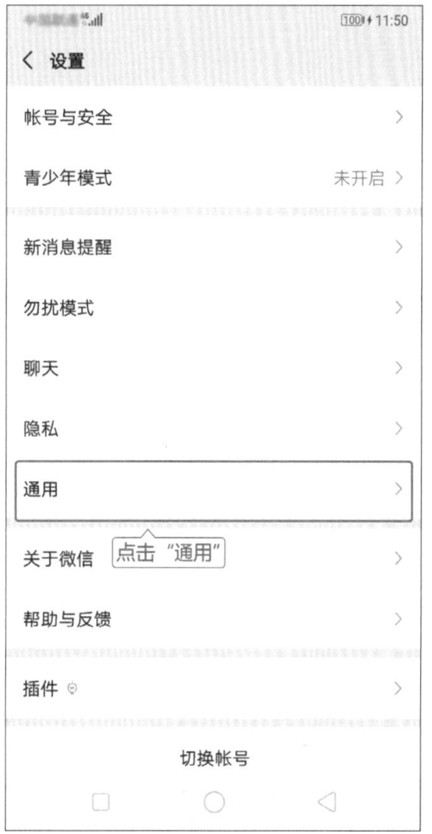

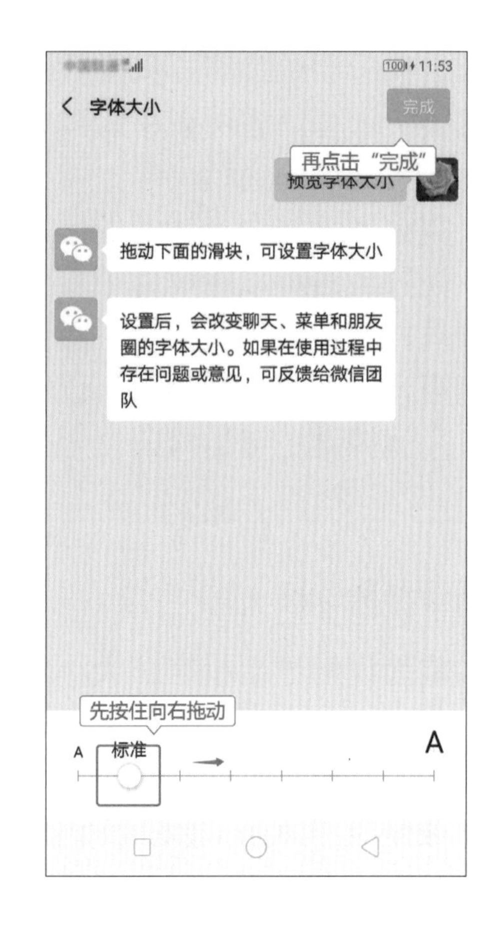

“设置”。

在“设置”界面中点击“通用”。

在“通用”界面点击“字体大小”。

在“字体大小”界面，按住下方的小圆球，并向右拖动，调整到合适的大小后，点击右上角的“完成”按钮保存设置。

调整好字体后，会自动重新启动微信，这时就可以看到微信界面中的字体都变大了。

2. 微信实名认证、添加银行卡、设置支付密码

微信虽然主要是一个用于网络社交的平台，但在实际生活中，微信还有许多实用和便利的功能可以使用，如扫码付款、话费充值、生活缴费、订外卖、发送红包等等。但想使用这些功能，必须要先对微信进行实名认证、设置支付密码以及绑定银行卡才可以进

行操作。下面就对实名认证及绑卡等步骤进行详细的讲解。

首先点击微信中的“我”，再点击界面中的“支付”。

在“支付”界面点击右上角的“…”进入“支付管理”。

在“支付管理”界面点击实名认证后面的“立即认证”按钮。

在弹出界面中再次点击“立即认证”。

在弹出的隐私政策右下角，点击“同意”按钮。

在“填写身份信息”界面，按要求填写好各项信息。

填写好身份证信息以后，滑动

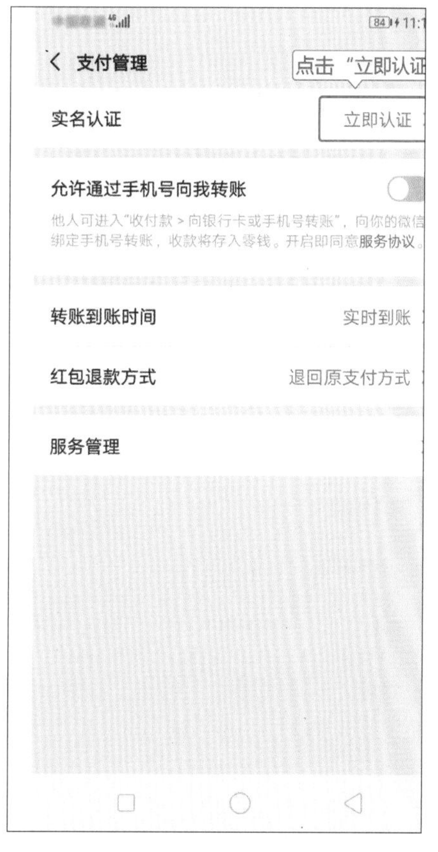

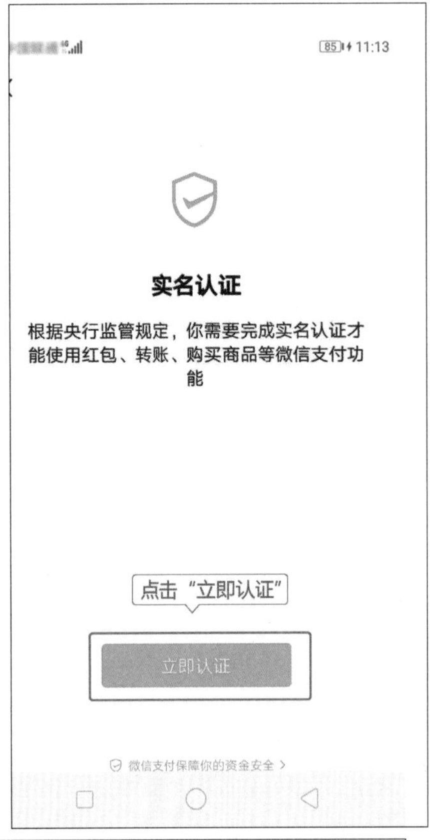
11:13
实名认证
根据央行监管规定，你需要完成实名认证才能使用红包、转账、购买商品等微信支付功能
点击“立即认证”
立即认证
微信支付保障你的资金安全

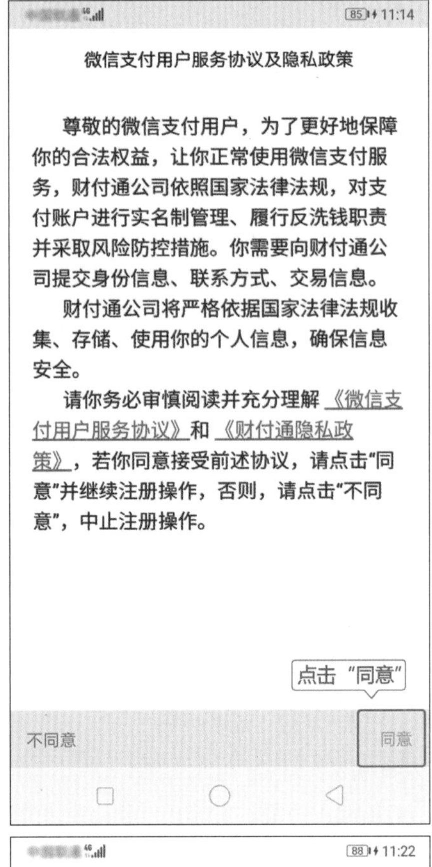
11:14
微信支付用户服务协议及隐私政策
尊敬的微信支付用户，为了更好地保障你的合法权益，让你正常使用微信支付服务，财付通公司依照国家法律法规，对支付账户进行实名制管理、履行反洗钱职责并采取风险防控措施。你需要向财付通公司提交身份信息、联系方式、交易信息。
财付通公司将严格依据国家法律法规收集、存储、使用你的个人信息，确保信息安全。
请你务必审慎阅读并充分理解《微信支付用户服务协议》和《财付通隐私政策》，若你同意接受前述协议，请点击“同意”并继续注册操作，否则，请点击“不同意”，中止注册操作。
点击“同意”
不同意
同意

11:18
填写身份信息
姓名
张三
性别
男
证件类型
居民身份证
证件号
2301021111111111
证件生效期
选择证件生效期
证件失效期
选择证件失效期
职业
请选择职业
地址
填写地址

11:22
性别
男
证件类型
居民身份证
证件号
2301021111111111111
证件生效期
2011/06/01
证件失效期
2031/06/01
职业
企事业单位工作人员
地址
黑龙江 哈尔滨南岗区
点击“下一步”
下一步

手机到屏幕下方，点击“下一步”。在弹出的“添加银行卡”界面输入卡号，并点击“下一步”。

★**注意：添加的银行卡所有人一定要和刚才填写的身份证是同一个人，否则会认证失败。**

在填写“持卡人信息”界面，填写手机号。

★**注意：此手机号必须是银行卡开通网上银行时预留的手机号码，不可以随便输入其他号码。**

填写完手机号以后，拉到下面，点击“下一步”。

在弹出的“验证银行预留手机号”界面，填入手机短信收到的6位数字的验证码，点击“下一步”。

★**注意：此时如果填写的手机号不是银行预留的号码，将收不到短信，也无法继续下一步。**

验证码输入成功以后，会弹出“设置支付密码”界面。用下

其他信息
证件生效期 2011/06/01
证件失效期 2031/06/01
性别 男
地区 黑龙江 哈尔滨
详细地址 南岗区
职业 企事业单位工作人员
同意用户服务协议
下一步
点击“下一步”
本服务由财付通提供

验证银行预留手机号
手机号 151******
先输入验证码
验证码 932597
重新发送
收不到验证码？
再点击“下一步”
下一步

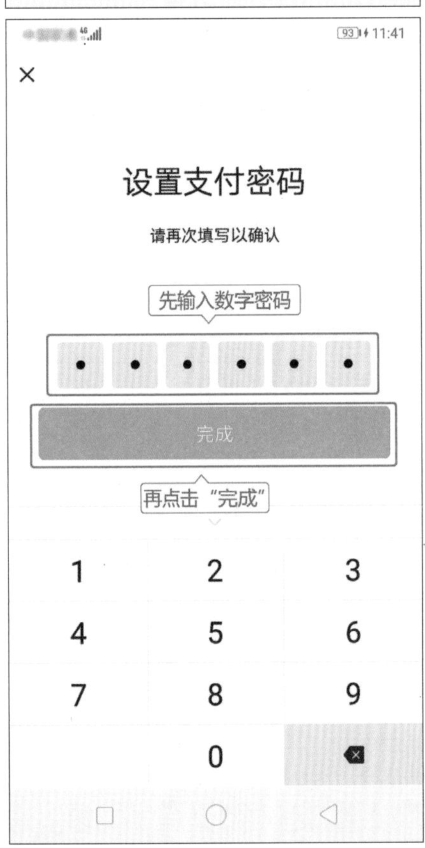
设置支付密码
请再次填写以确认
先输入数字密码
完成
再点击“完成”

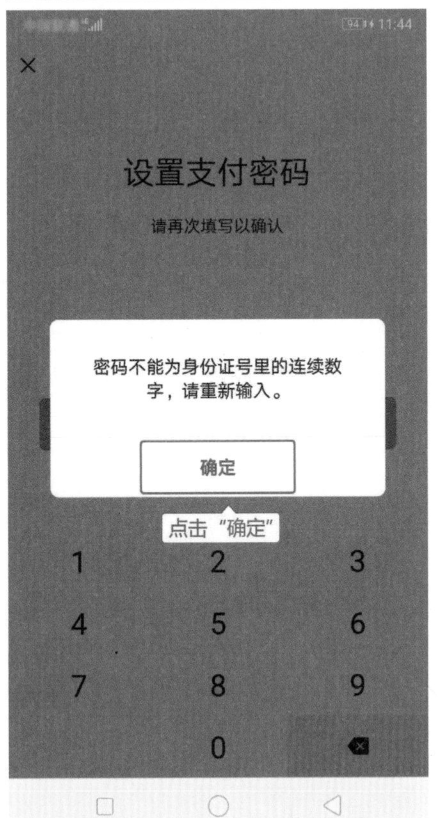
设置支付密码
请再次填写以确认
密码不能为身份证号里的连续数字，请重新输入。
确定
点击“确定”

方的数字小键盘，设置一个6位的数字密码，连续输入两次，并点击“完成”，此密码一定要记牢。

如果设置的密码使用了自己的生日，会提示不可以使用身份证号里面的连续数字，这时要点击“确定”，重新设置密码。

如果设置的密码符合要求，会提示实名认证成功，点击“完成”。

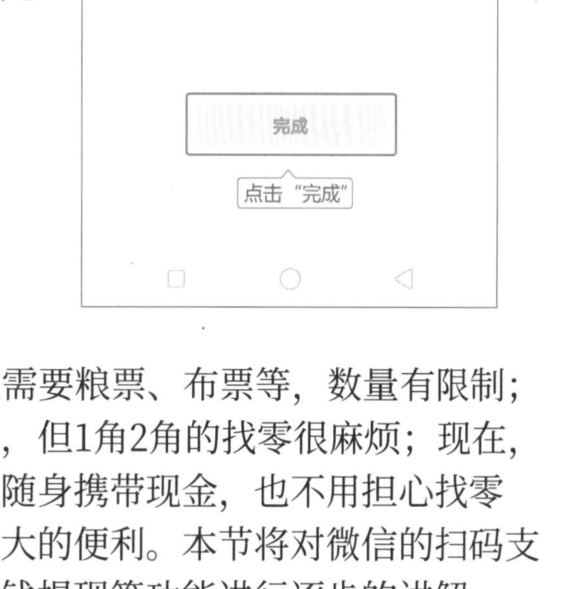

3. 扫码支付、红包转账

以前购物，不但需要现金还需要粮票、布票等，数量有限制；后来则用现金购物，不限制数量，但1角2角的找零很麻烦；现在，使用手机购物、付款，不仅不用随身携带现金，也不用担心找零的问题，为人们的生活带来了极大的便利。本节将对微信的扫码支付、收款码收钱、红包转账、零钱提现等功能进行逐步的讲解。

①扫码支付

平时出门购物，商家的收银台上都会有收款的二维码，一般是支付宝和微信的收款二维码。通常蓝色的是支付宝二维码，而绿色的是微信二维码。

在买完东西需要付

款时，拿出手机，打开微信，点击微信界面右上角的“+”号按钮，再点击菜单中的“扫一扫”。

用手机摄像头对准二维码，手机距离二维码20公分以上，保持不动。

扫码成功后使用手机屏幕下方的数字键输入要付款的金额，

再点击“确认付款”。

在弹出的支付界面可以点击下方按钮来选择支付方式。

如果微信中的钱足够这次支付，可以选择零钱支付；如果微信中的钱不够，则会自动选择用银行卡支付。

选择完支付方式后，在弹出的支付界面输入之前设置的“支付密码”。

如果此时密码输入错误，将不能完成这次支付，会弹出提示，点击“重试”来再次输入密码。

密码输入正确后，会弹出

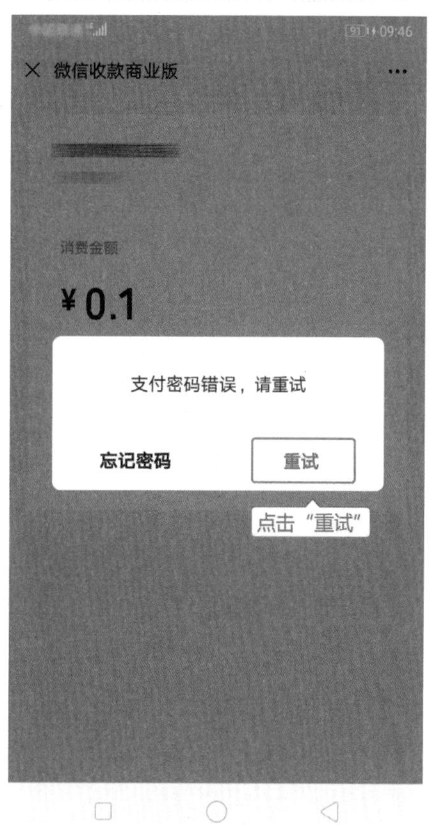

"支付成功"的界面，点击下方的"完成"按钮，就可以返回微信界面。

②付款码支付

有些商家的收银台不提供二维码，只有扫码枪，那如何支付呢？这时候就需要用到"付款码"了。

在微信中点击右下方的"我"，再点击"支付"。

进入"支付"界面后，点击"收付款"按钮。

当然，也可以通过点击右上角的"+"号按钮进入"收

付款"界面。由于是第一次使用付款码，需要点击"立即开启"。在"开启付款"界面，输入支付密码。

此时付款码已经开启成功，把这个二维码出示给收银员，他用扫码枪扫一下手机就支付成功了。

★注意：此付款码出示给商家扫描时，注意防范周围的其他人。因为这个付款码也可以被别人用手机等设备扫描，那样将造成财产损失。

③收款码收钱

在生活中，不仅是消费的时候要付款，有时候也要收款，比如开了个商店或者在街边摆摊想收款，又或者在菜市场别人碰碎了刚买的鸡蛋，对方想赔偿，可是又没带现金，那怎么办呢？这时候就需要用到微信里的收款码了。用收款码收钱不需要是微信好友也可以把钱转到。下面就对二维码收款进行详细的讲解。

点击微信界面右上角的“+”号按钮，再点击菜单中的“收付款”。

或者在微信右下角点击

你未开启付款功能。开启后，向商家出示付款码即可完成快速支付。
立即开启
二维码收款
点击“二维码收款”

二维码收款
二维码收款
无需加好友，扫二维码向我付钱
设置金额
保存收款码
收款小账本

二维码收款提醒
点击“保存收款码”
为方便收款，可保存收款码并打印使用。
知道了
保存收款码

2021年1月4日
14:07
推荐使用微信支付
诗与远方(*涛)
微信支付
分享
收藏
编辑
删除
更多

“我”按钮，然后点击“支付”按钮。进入“支付”界面后，点击“收付款”按钮。在“收付款”界面点击下方的“二维码收款”。点击后就进入了“二维码收款”界面，别人可以用微信的“扫一扫”来扫描二维码付款。

也可以在刚进入二维码界面时，选择“保存收款码”到相册，下次再使用收款码时，就不用进入微信，直接在相册中打开就可以了。

还可以在相册中找到这个收款码，把它打印出来贴到柜台上以便别人扫码支付。

④发红包

红包是在微信上使用的一种转账方式，可以对单人或群发放红包。红包的金额自定，最大不能超过200元，从绑定的银行卡或“零钱”中扣除。抢到的红包会自动存到“零钱”中，可用来消费，也可提现。收发红包是微信必不可少的“游戏”之一。

红包分为普通红包和拼手气红包。发给单人的时候，因为是发给指定人的，所以是普通红包；发给群的时候，分为普通红包和拼手气红包。发送普通红包，群中每个人都收到固定金额；发送拼手气红包，每人抽到的金额随机。下面就对发红包进行详细的讲解。

先来讲解对指定的单人发送普通红包。

打开微信通讯录，选择好友，发送消息，在聊天界面先点击右下角的“+”号按钮，再点击菜单中的“红包”按钮。

在“发红包”界面先输入发送红包的金额（最大不可超过200

元），再在下方输入想说的短句，然后再点击下方的“塞钱进红包”按钮。

在弹出的界面中输入微信的“支付密码”。

此时，对单人的普通红包就发送成功了。如果这个红包被领取，则红包下方会有提示；如果这个红包24小时都没有被对方领取，那24小时后将把红包原路退还回来。

接下来再来看看如何在群里发红包。

在群聊天中，点击右下角“+”号按钮，再点击“红包”按钮。

在群里发红包默认都是拼

手气红包，在总金额的下面会有小字提示，输入想发红包的总金额，然后输入红包的数量，再点击下方的“塞钱进红包”按钮。

★注意：发送的这个拼手气红包的意思就是不论群里有多少人，只有2个人可以抢到红包，且总金额不超过6.6元。如果其中一人先抢了2元的红包，那剩余的4.6元就会被另一个人抢走，每个人抢到的金额都是随机的。

同样，要输入支付密码，这样拼手气红包就发送成功了。

自己发的红包自己也可以抢，在聊天界面点击“红包”。

再点击下面的“开”按钮。

在红包界面可以看到每个人抢了多少钱，还可以看到这个红包一共多少钱。

当然也可以发送普通红包。点击右下角的“+”号，再点击“红包”，在发红包界面点击总金额下方的小字，切换成普通红包。

输入单个红包的金额，再输入发送红包的数量，确认下方的总金额是否正确后，再点击下方的“塞钱进红包”按钮。

★注意：这个红包的意思是，在群里发2个红包，每个红包的金额都是3元钱，一共花6元钱。

同样可以点击红包，看到抢红包的详情。但是在群内发送普通红包，自己是不可以抢的。

⑤在微信中转账

由于在微信中，发送红包的金额不能大于200元，所以金额过大的时候就要用到转账功能。同样，在与好友的聊天界面点击右下角的“+”号按钮，再点击“转账”按钮。

输入转账金额，再点击右下角的“转账”按钮。

输入微信的“支付密码”。

点击下方的“完成”按钮返回到聊天界面。

可以在聊天界面点击转账信息，查看转账详情。

进入转账信息后，可以点击下面的蓝色小字再次提醒对方收款；如果对方24小时内没点击收款，那该笔转账将在24小时后原路把钱退回。

如果对方已经收款，会收到一条微信提醒，并且转账信息会变成浅色。

15:46
转账
老猫(*涛)
输入金额
转账金额
¥ 300
添加转账说明
点击“转账”
转账

15:49
转账
请输入支付密码
向老猫(*涛)转账
¥ 300.00
支付方式
储蓄卡(3482)
输入支付密码

15:50
支付成功
待老猫确认收款
¥ 300.00
点击“完成”
完成

15:52
老猫
14:51
快乐分享，都发财
14:55
老猫领取了你的红包
15:50
¥300.00
转账给老猫
微信转账
点击

15:54
待老猫确认收款
¥300.00
点击"提醒对方收款"
1天内朋友未确认，将退还给你。提醒对方收款
24小时不收款将原路退回
转账时间：2021-01-06 15:50

16:14
老猫
14:55
老猫领取了你的红包
15:50
¥300.00
已被领取
微信转账
15:59
¥300.00
已收款
微信转账
16:11
小的器材配件都有，不用买
¥300.00
不用买，把钱还给你
微信转账
点击"打开"

16:19
待确认收款
¥300.00
确认收款
1天内未确认，将退还给对方。立即退还
点击"立即退还"
转账时间：2021-01-06 16:14

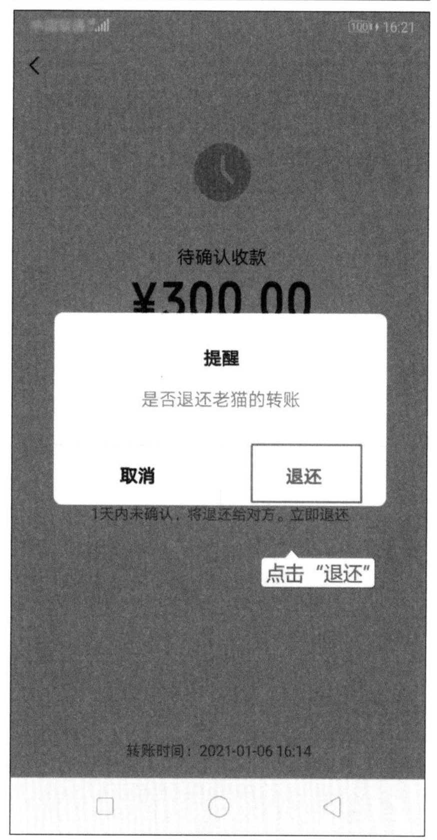
待确认收款
提醒
是否退还老猫的转账
取消
退还
1天内未确认，将退还给对方。立即退还
点击"退还"
转账时间：2021-01-06 16:14

朋友给转账的钱可以不收，等着24小时后自动退回，也可以由自己操作，直接退回。在聊天界面中，点击对方发过来的转账信息。

进入确认收款界面后，不点击“确认收款”按钮，而是点击下方的蓝色小字。

在弹出的提示框中，点击“退还”按钮。

退还成功后，点击提示框中的“确定”按钮返回聊天界面。

⑥零钱的查看和提现

在微信中收到的红包、转账都会自动存入微信的“零钱”中。这些钱可以用于微信支付、发送红包和转账，也可以提现到绑定的银行卡中。下面对如何查看零钱以及零钱的提现进行详细的讲解。

在微信界面点击右下角的“我”，再点击“支付”。

在“支付”界面点击“钱包”。

在“钱包”界面点击“零钱”。

在“零钱明细”界面可以看到自己微信中有多少钱，也可以点击界面右上角的“零钱明细”来查看零钱详情。

如果不想把钱放在微信中，也可以把这些钱提现到绑定的银行卡

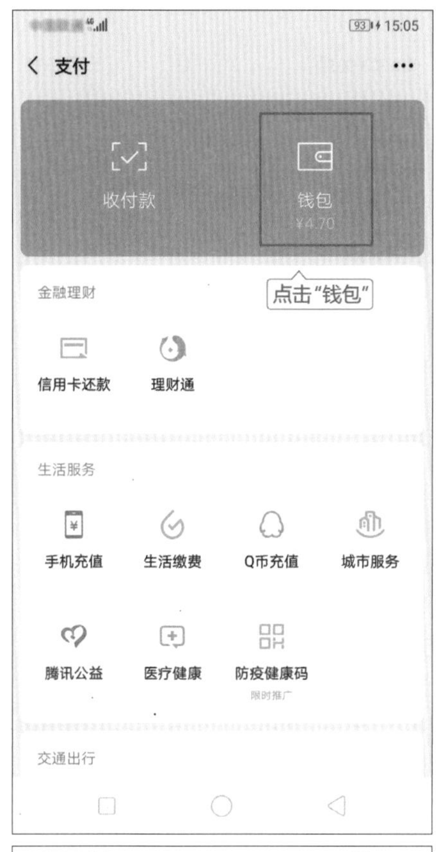
15:05
支付
收付款
钱包
¥4.70
点击“钱包”
金融理财
信用卡还款
理财通
生活服务
手机充值
生活缴费
Q币充值
城市服务
腾讯公益
医疗健康
防疫健康码
交通出行

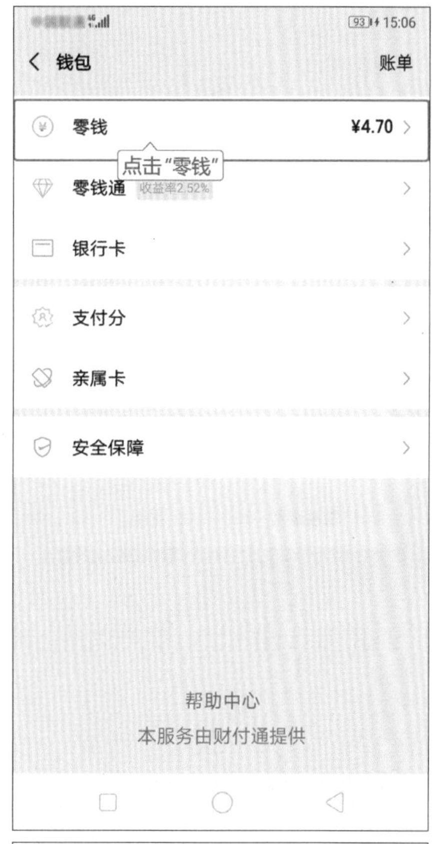
15:06
钱包
账单
零钱
¥4.70
点击“零钱”
零钱通
银行卡
支付分
亲属卡
安全保障
帮助中心
本服务由财付通提供

15:08
点击查看详情
零钱明细
我的零钱
¥4.70
免费开通零钱通 给自己加加薪
微信中的钱
充值
提现
常见问题
本服务由财付通提供

15:08
零钱明细
我的零钱
¥4.70
免费开通零钱通 给自己加加薪
充值
提现
点击“提现”
常见问题
本服务由财付通提供

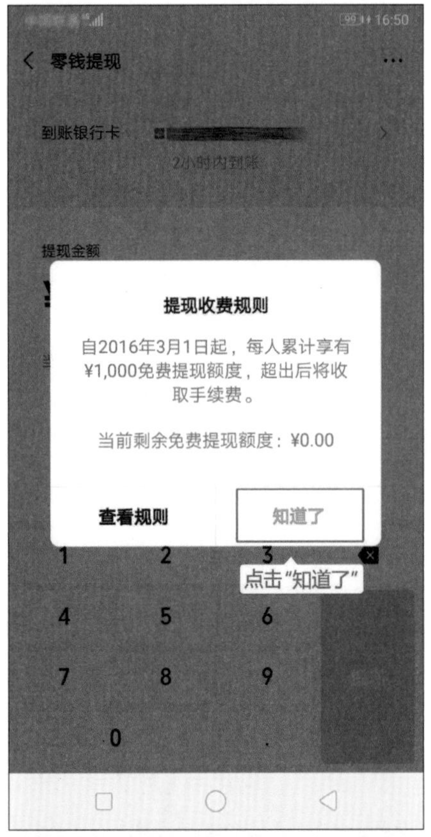

零钱提现
到账银行卡
2小时内到账
提现金额
提现收费规则
自2016年3月1日起，每人累计享有¥1,000免费提现额度，超出后将收取手续费。
当前剩余免费提现额度：¥0.00
查看规则
知道了
点击"知道了"

零钱提现
到账银行卡
(3482)
2小时内到账
提现金额
¥ 4.7
输入金额
当前零钱余额4.70元
全部提现
全部提现
提现

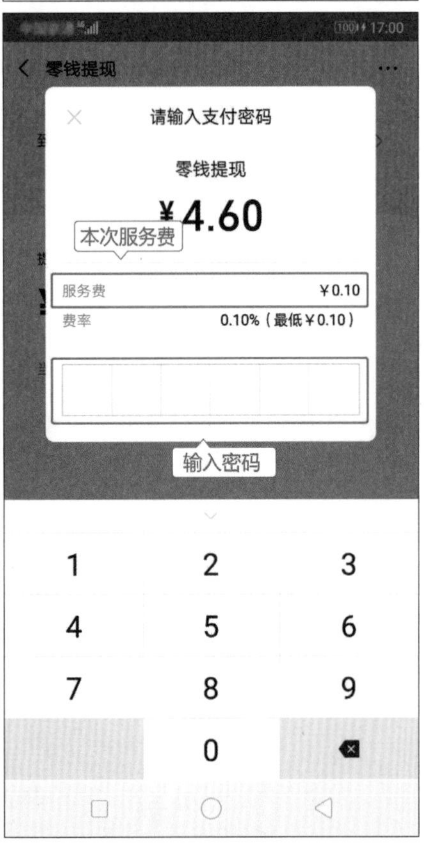

零钱提现
请输入支付密码
零钱提现
¥4.60
本次服务费
服务费 ¥0.10
费率 0.10%（最低¥0.10）
输入密码

零钱提现
发起提现申请
银行处理中
预计2021-01-07 19:01到账
到账成功
提现金额 ¥4.60
到账银行卡 尾号3482
服务费 ¥0.10
点击"完成"
完成

中。在“零钱提现”界面，点击下方的“提现”按钮。

第一次提现，会弹出提示框，点击“知道了”进行下一步。

★注意：提现规则提示，每个人有1000元免费提现的额度，超过1000元以后，再提现则需要0.1%的手续费，每笔最少收0.1元。

在提现金额的输入框中输入想要提现的金额，也可以点击下方的“全部提现”按钮，然后点击右下角的“提现”按钮。

在输入密码界面会提示本次提现需要收取多少服务费以及收取服务费的费率，在密码框中输入支付密码。

提现后，点击下方的“完成”按钮返回零钱界面。

4. 微信中的健康码

扫一扫看本节视频讲解

健康码是一项数字化健康评估证明，也就是将通行证进行了电子化处理，以真实数据为基础，由市民或者返工返岗人员通过自行网上申报，经后台审核后，即可生成属于个人的二维码。该二维码作为个人在当地出入通行的电子凭证，实现一次申报、全市通用。健康码的推出，旨在让复工复产更加精准、科学、有序。

健康码采用了三种颜色动态管理，分别是“绿码”、“红码”、“黄码”，其中“绿码”可以亮码正常通行，“红码”和“黄码”需要按当地防控要求管控甚至隔离。

2020年12月10日,国家卫健委、国家医保局、国家中医药管理局联合发布《关于深入推进“互联网+医疗健康”“五个一”服务行动的通知》，明确要求各地落实“健康码”全国互认、一码通行。在疫情时期，出行不论去哪，都要求扫码并出示健康码。本节就对健康码的申请和使用进行详细的讲解。

①申请健康码

想要使用健康码，要在网上填报个人信息并申请。首先打开微信，点击右下方的“我”，再点击“支付”。

在“支付”界面中的生活服务类别里，点击“防疫健康码”。

在健康码界面中点击城市来设置好自己所在的城市。

然后屏幕滑到下方点击“查看防疫健康码”。

在弹出的界面中点击“去登录”。

然后在登录账号界面点击“登录”。

此时健康码要求使用微信绑定的手机号码，点击“允许”。

点击左上角退回健康码界面，点击“确定”进行实名认证。

在实名界面填写自己的姓名

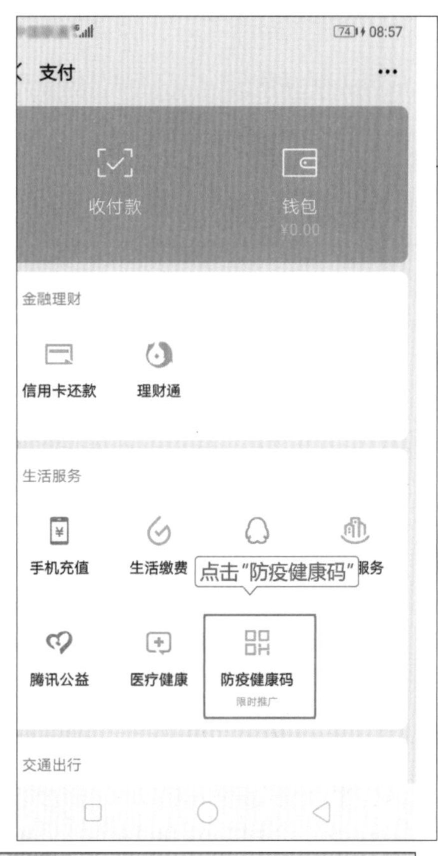

以及身份证号码，点击下方的“提交”按钮。

然后等待几秒钟，页面自动跳转后，点击“授权验证”。

授权成功后，点击“返回”。

返回后会提示认证成功，点击“确定”。

在填报健康信息界面点击“上报健康信息”。

在填报信息界面如实填写姓名、手机号、身份证号、性别等个人信息。

屏幕往上滑，继续填写信息，并按实际情况点击圆圈来选择其中的选项。

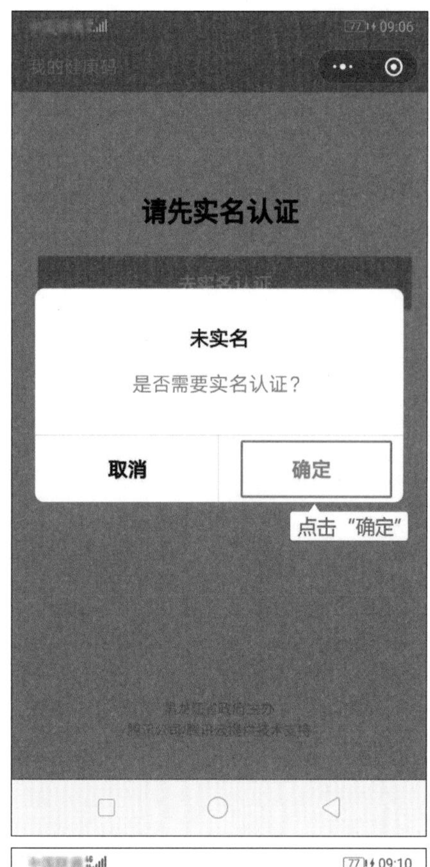
09:06
请先实名认证
未实名
是否需要实名认证？
取消
确定
点击“确定”

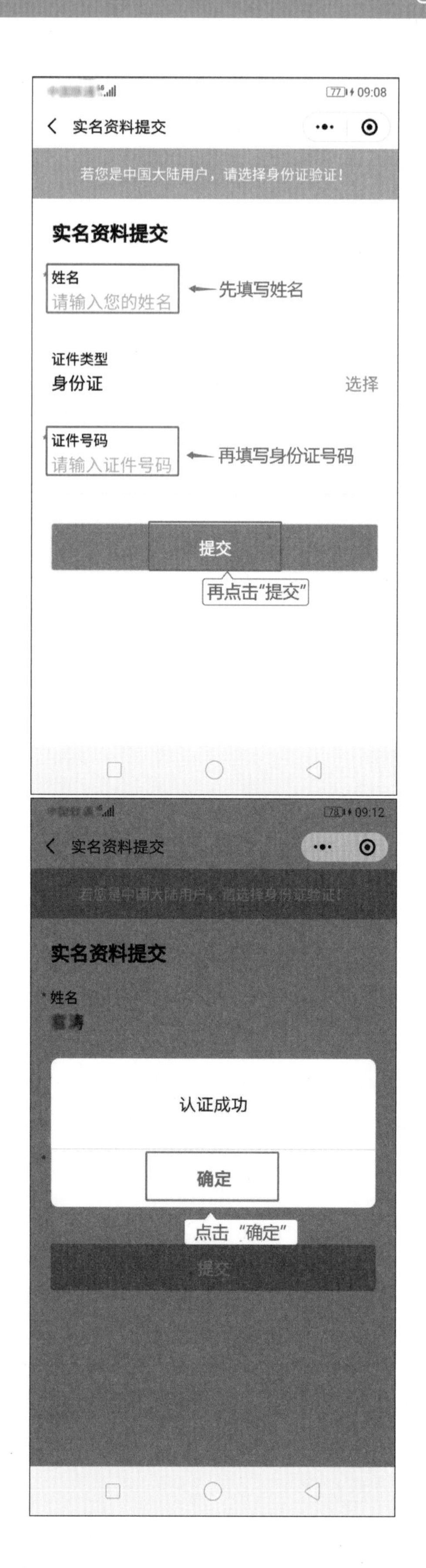
09:08
实名资料提交
若您是中国大陆用户，请选择身份证验证！
实名资料提交
姓名
请输入您的姓名
先填写姓名
证件类型
身份证
选择
证件号码
请输入证件号码
再填写身份证号码
提交
再点击“提交”
09:12
实名资料提交
实名资料提交
姓名
认证成功
确定
点击“确定”

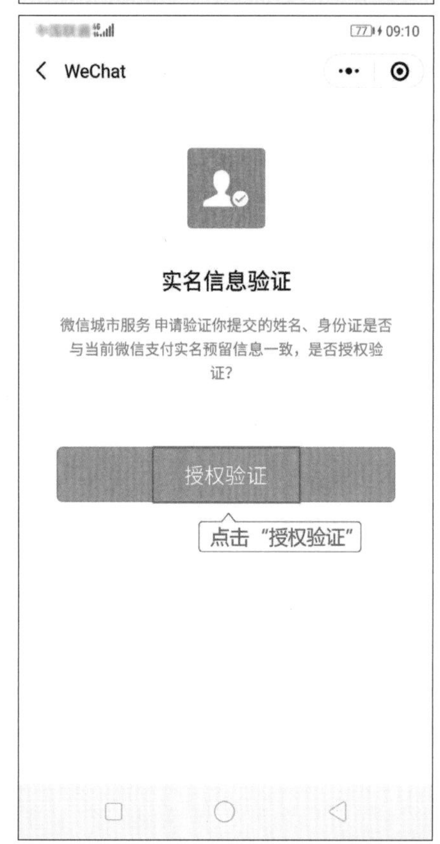
09:10
WeChat
实名信息验证
微信城市服务 申请验证你提交的姓名、身份证是否与当前微信支付实名预留信息一致，是否授权验证？
授权验证
点击“授权验证”

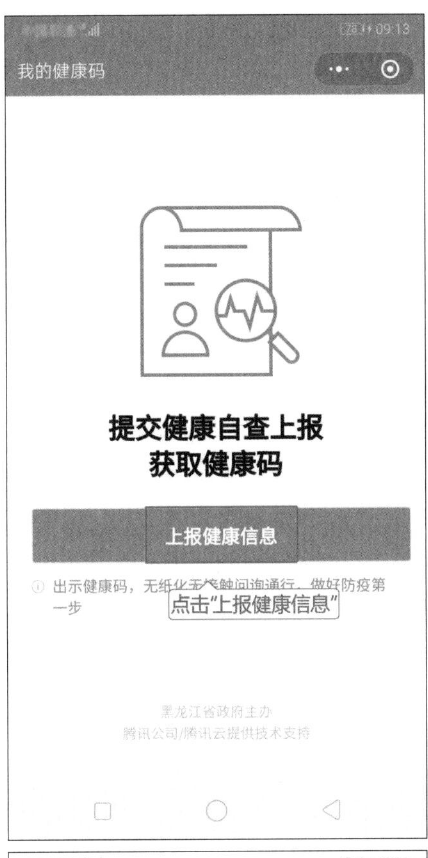
我的健康码
提交健康自查上报
获取健康码
上报健康信息
点击"上报健康信息"
黑龙江省政府主办
腾讯公司/腾讯云提供技术支持

上报我的健康信息
14天内可以提交4次，当前还剩4次
基本信息
姓名
请输入姓名
填写姓名
手机号码
填写手机号
获取绑定手机号
国籍/地区
中国大陆
选择
证件类型
身份证
选择
证件号码
请输入证件号码
填写身份证号码
性别
请选择性别
填写性别
选择

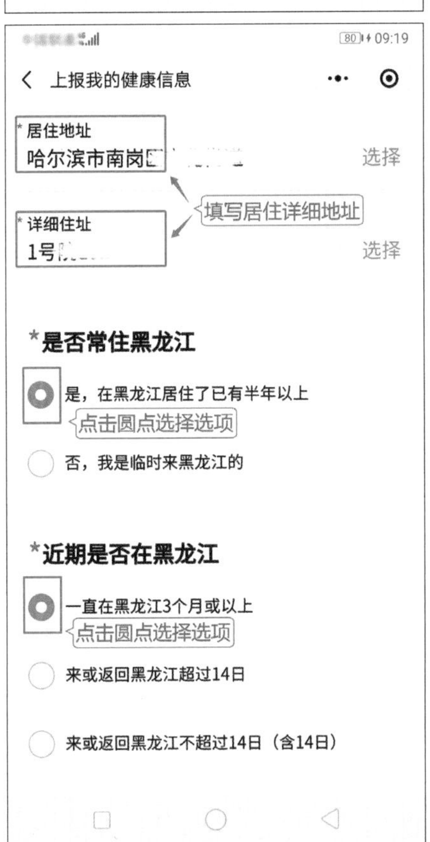
上报我的健康信息
居住地址
哈尔滨市南岗区
选择
填写居住详细地址
详细住址
选择
*是否常住黑龙江
是，在黑龙江居住了已有半年以上
点击圆点选择选项
否，我是临时来黑龙江的
*近期是否在黑龙江
一直在黑龙江3个月或以上
点击圆点选择选项
来或返回黑龙江超过14日
来或返回黑龙江不超过14日（含14日）

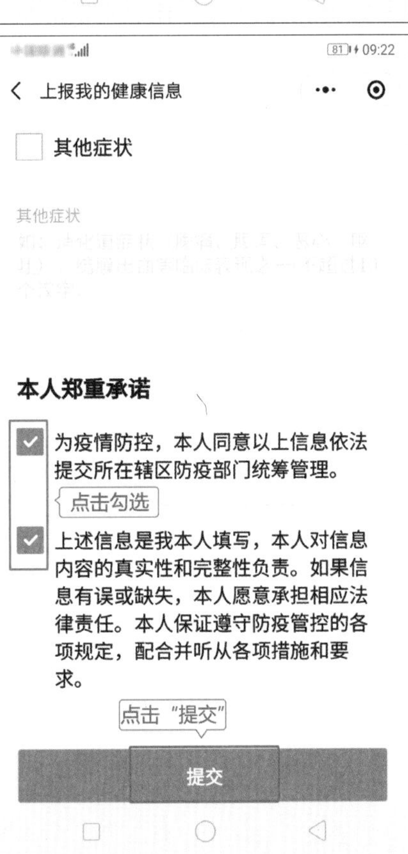
上报我的健康信息
其他症状
其他症状
本人郑重承诺
为疫情防控，本人同意以上信息依法提交所在辖区防疫部门统筹管理。
点击勾选
上述信息是我本人填写，本人对信息内容的真实性和完整性负责。如果信息有误或缺失，本人愿意承担相应法律责任。本人保证遵守防疫管控的各项规定，配合并听从各项措施和要求。
点击“提交”
提交

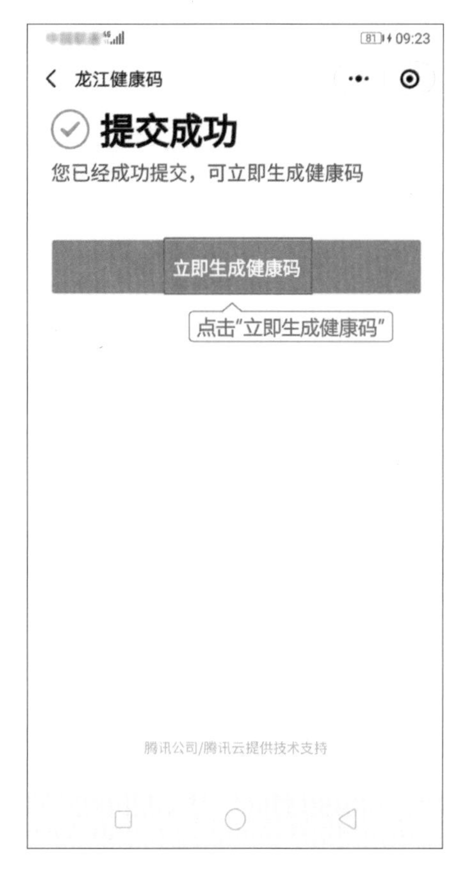

所有信息逐一填好之后，拉到界面的最下方，点击方框，勾选个人承诺，再点击“提交”。

信息提交成功后，点击“立即生成健康码”。

此时就会生成一个属于自己的健康码了。点击右上角“⊙”退出界面。

②使用及出示健康码

有了个人的健康码，进入各个场所都可以出示健康码。健康码在疫情管控时期，对于新冠确诊病例的流调、行动轨迹的排查起着快速且非常重要的作用。本节对如何使用个人健康码进行讲解。

在进入商店时，门口都会张贴如下一页图的“场所码”。只有用手机扫描了场所码，才可以调出自己的健康码。

打开微信，点击右上方的“+”号，再点击“扫一扫”。

用手机摄像头对准店铺的“场所码”扫描。

然后在弹出的界面点击下方的“提交”。

请用微信「扫一扫」扫码
企业
黑龙江省政府主办
腾讯公司/腾讯云提供技术支持

微信
先点击"+"号
腾讯新闻
添加朋友
订阅号消息
扫一扫
再点击"扫一扫"
收付款
老猫
帮助与反馈
老年摄影组
服务通知
微信团队
通讯录
发现
我

涉嫌违法犯罪

社区通行登记
科技创新
*涛
130****2516
出行状态
外出
入内
途经
同行人
添加同行人
暂无同行人员
点击"提交"
提交

这时就扫描成功了，会显示绿色的“正常通行”。把这个界面出示给工作人员看就可以进入商铺了。

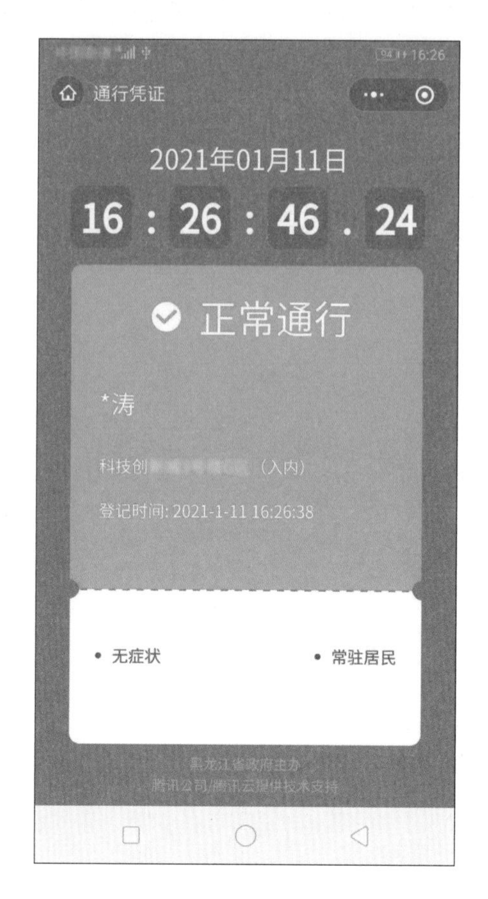

扫一扫看本节视频讲解

5. 微信中的生活缴费

以前交水、电、煤气费都要去营业厅或代收点排队交费，现在可以使用微信中的“生活缴费”功能，足不出户、随时随地轻松缴纳水、电、燃气、手机费等生活相关的费用，避免排队缴费的麻烦。本节就在微信中如何缴费进行详细的讲解。

①缴纳水费

打开微信，点击右下角的“我”，再点击“支付”，然后点击“生活缴费”。

第一次进入会要求获取位置信息，在弹出的界面中点击“允许”。

如果获取位置信息失败，也可以输入文字或拖动屏幕到下方来选择自己所在的城市。

进入“生活缴费”界面后点击“水费”按钮。

点击选择对应自己家的缴费单位。

点击输入框填写缴费的用户编号。

在弹出的输入框填写自己家的水费缴费编号后，点击下方“确认缴费编号”按钮。

支付
收付款
钱包
¥0.00
金融理财
信用卡还款
理财通
生活服务
手机充值
生活缴费
Q币充值
城市服务
点击“生活缴费”

生活缴费 申请
获取你的位置信息
你的位置信息将用于定位所在城市的缴费单位
拒绝
允许
点击“允许”

切换城市
北京/beijing/bj
输入城市名
定位失败，点击重试
H
哈尔滨市
黑河市
鹤岗市
或者点击指定一个城市
邯郸市
衡水市
鹤壁市
菏泽市
衡阳市
怀化市
黄冈市
黄石市
杭州市
湖州市
淮安市
合肥市
淮南市
黄山市
淮北市
惠州市
河源市
红河哈尼族彝…

生活缴费
新增缴费
哈尔滨市
电费
水费
燃气费
点击“水费”
固话费
宽带费
有线电视
油卡充值
ETC办理
供暖费
社保医保

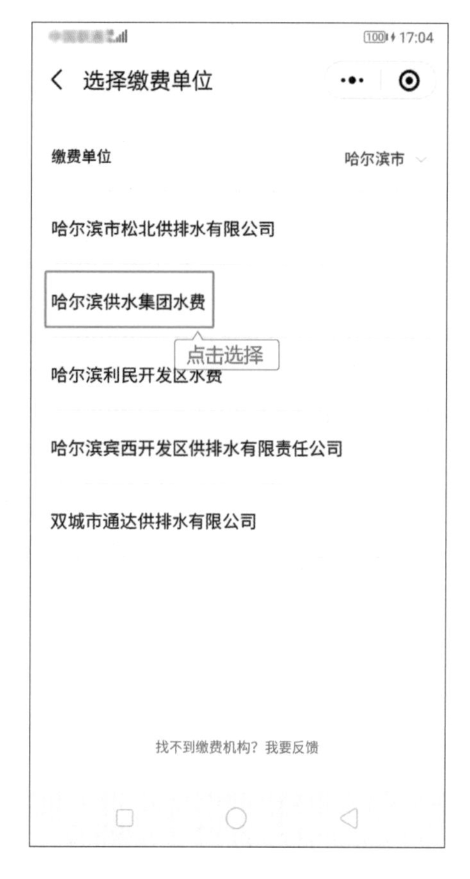

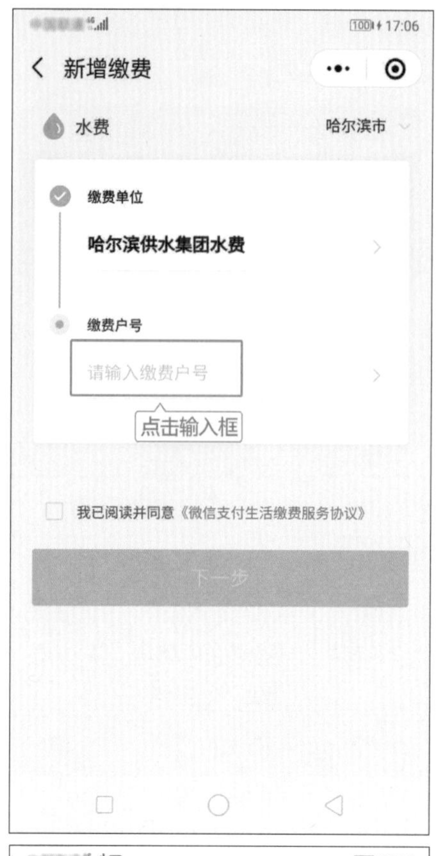

在屏幕下方勾选服务协议后，点击“下一步”。

在输入框中自主输入缴费金额，也可以点击下方金额按钮选择金额，再点击“立即缴费”按钮。

在弹出的密码框中输入微信支付密码。

提示支付成功后，点击下方“完成”按钮。

在缴费成功的界面再次点击“完成”按钮。

此时会弹出缴费成功的详情，这样水费就缴纳成功了。

新增缴费
水费
哈尔滨市
缴费单位
哈尔滨供水集团水费
缴费户号
1234567890
设置分组
请填写小区或房屋所在地
先勾选
我已阅读并同意《微信支付
再点击"下一步"
下一步

账单详情
应缴金额 0.00元
当前余额 49.90元
缴费户名 *02
缴费户号 00533
缴费单位 哈尔滨供水集团水费
输入金额
¥50.00
输入金额
50元
100元
150元
选择金额
立即缴费
缴费记录
点击"立即缴费"

账单详情
请输入支付密码
生活缴费
¥50.00
支付方式
储蓄卡(3482)
输入支付密码
¥50.00
1
2
3
4
5
6
7
8
9
0

支付成功
生活缴费
¥50.00
完成
点击"完成"

②缴纳电费

电费同样在“生活缴费”中，点击“电费”。

点击选择缴费单位。

点击输入框填写缴费的用户编号。

在输入框中填写好自己家交电费的10位数字编号，并点击下方的“确认缴费编号”按钮。

在返回的界面中点击勾选“服务协议”后，点击下方的“下一步”按钮。

在详情界面输入要缴费的金额，再点击下方的“立即缴费”按钮。

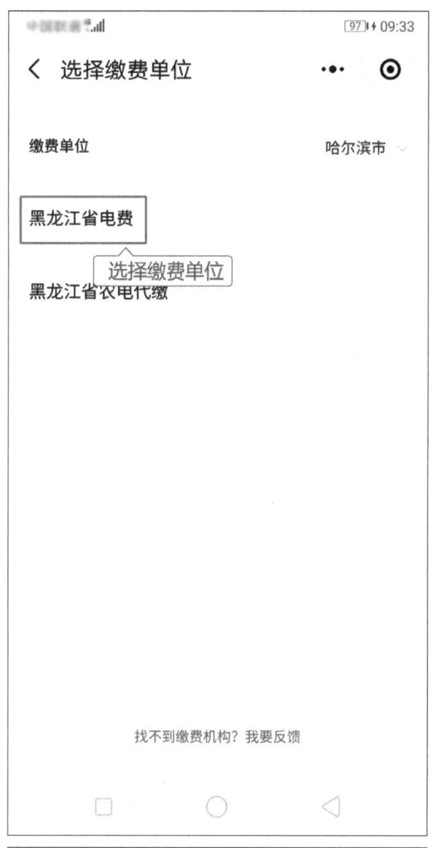
09:33
选择缴费单位
缴费单位
哈尔滨市
黑龙江省电费
选择缴费单位
黑龙江省农电代缴
找不到缴费机构？我要反馈

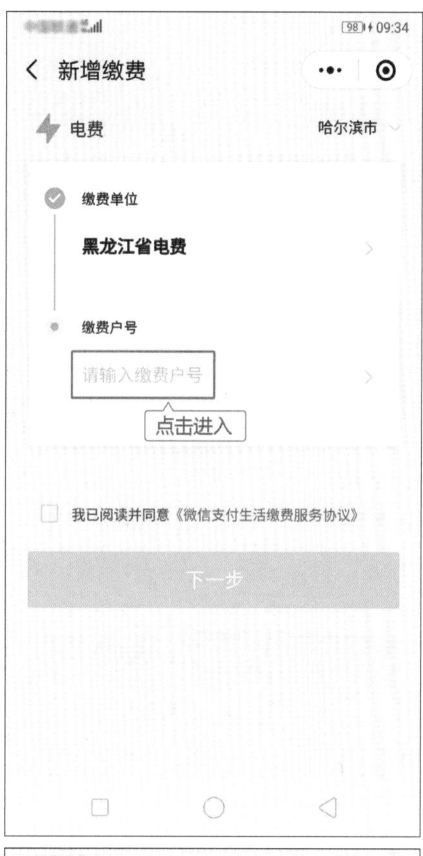
09:34
新增缴费
电费
哈尔滨市
缴费单位
黑龙江省电费
缴费户号
请输入缴费户号
点击进入
我已阅读并同意《微信支付生活缴费服务协议》
下一步

09:40
输入缴费户号
缴费户号
如何查户号?
先输入编码
确认缴费编号
再点击"确认缴费编号"
完成

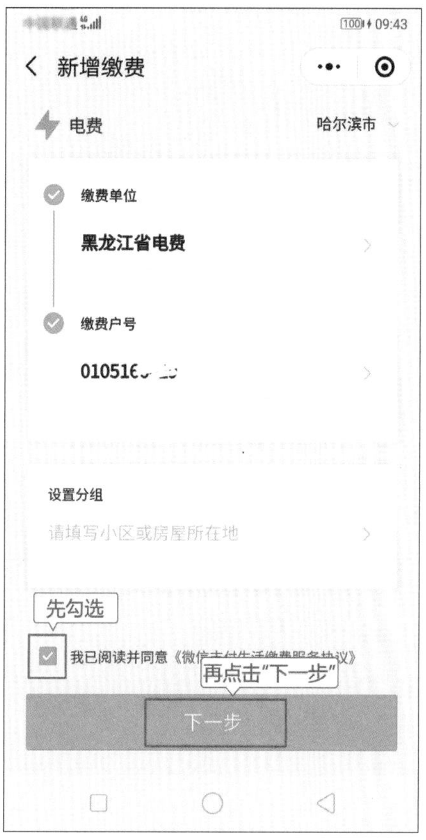
09:43
新增缴费
电费
哈尔滨市
缴费单位
黑龙江省电费
缴费户号
设置分组
请填写小区或房屋所在地
先勾选
我已阅读并同意
再点击"下一步"
下一步

09:44
账单详情
月初缴费单位繁忙，如交易未实时到账，可在次日下午再次查询。
余额
11.32元
余额低，请尽快充值
缴费户名
*秋英
缴费户号
缴费单位
黑龙江省电费
地址
****9号462
输入金额
¥
请输入缴费金额
先输入金额
立即缴费
再点击"立即缴费"
缴费记录

09:46
请输入支付密码
生活缴费
¥50.00
支付方式
储蓄卡(3482)
缴费单位
输入密码
1
2
3
4
5
6
7
8
9
0

09:48
支付成功
生活缴费
¥50.00
完成
点击"完成"

09:48
缴费结果
缴费成功
部分订单可能出现延迟，以实际到账时间为准
如需发票，请咨询当地电力营业厅
完成
点击"完成"

输入微信的支付密码。

在“支付成功”界面点击下方的“完成”。

在“缴费结果”界面再次点击下方的“完成”，电费就缴纳成功了。

③缴纳燃气费

燃气费也是在“生活缴费”中，点击“燃气费”。

点击选择缴费单位。

点击输入框填写缴费的用户编号。

在输入框中填写好自己家交燃气费的9位数字编号，并点击下方的“确认缴费编号”按钮。

在返回的界面中点击勾选“服务协议”后，点击下方的“下一步”按钮。

在详情界面输入要缴费的金额，再点击下方的“立即缴费”按钮。

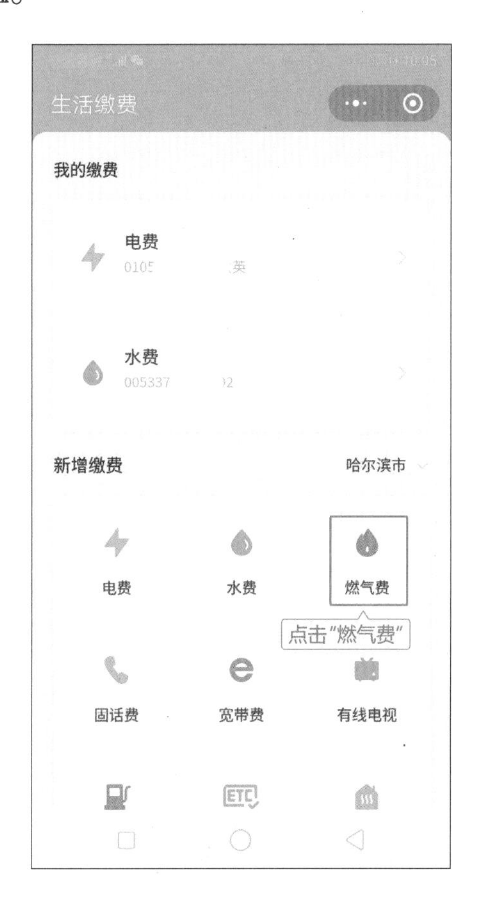

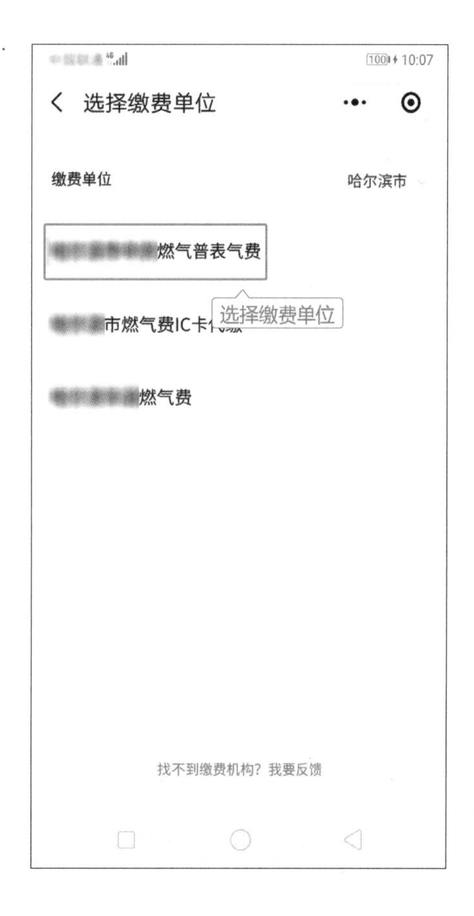

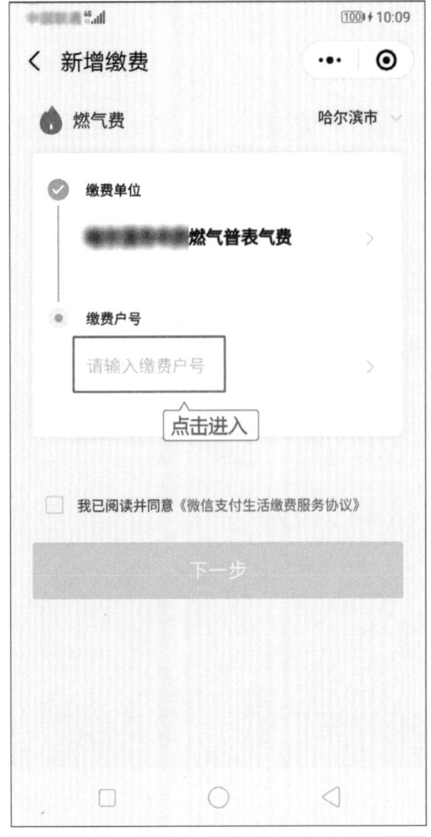
10:09
新增缴费
燃气费
哈尔滨市
缴费单位
燃气普表气费
缴费户号
请输入缴费户号
点击进入
我已阅读并同意《微信支付生活缴费服务协议》
下一步

10:11
输入缴费户号
缴费户号
如何查户号?
先输入编号
确认缴费编号
再点击"确认缴费编号"
完成

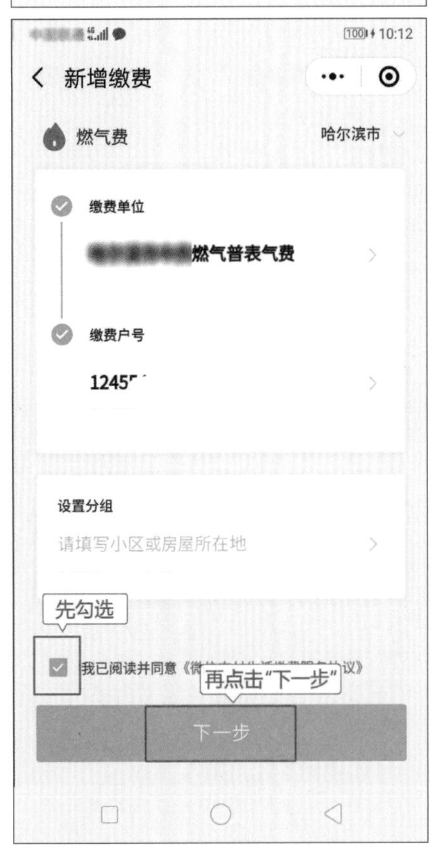
10:12
新增缴费
燃气费
哈尔滨市
缴费单位
燃气普表气费
缴费户号
设置分组
请填写小区或房屋所在地
先勾选
我已阅读并同意
再点击"下一步"
下一步

10:14
账单详情
IC卡用户缴费后，需在当地燃气公司营业厅进行资金转存
余额
158.20元
缴费户名
*维民
缴费户号
缴费单位
燃气普表气费
地址
南岗区
室
输入金额
¥1
先输入金额
立即缴费
再点击 "立即缴费"

输入微信的支付密码。

在支付成功界面点击下方的“完成”。

在缴费成功界面再次点击下方的“完成”，燃气费就缴纳成功了。

下次再缴费时，“生活缴费”中就已经存在过往的缴费记录，可以直接点击续费了。

④缴纳手机话费

打开微信，点击右下角的“我”，再点击“支付”，进入支付界面后，点击下方的“手机充值”。

进入“手机充值”界面后，输入要缴费的手机号码，再选择要充值的金额。

在弹出的确认框中点击“充值”按钮。

输入微信的支付密码。

在支付成功界面点击下方的“完成”。

再次点击“完成”按钮，就对手机号充值成功了。

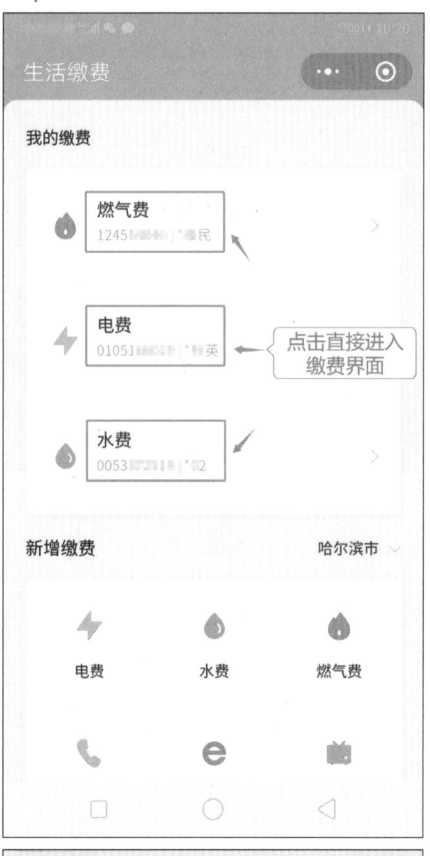

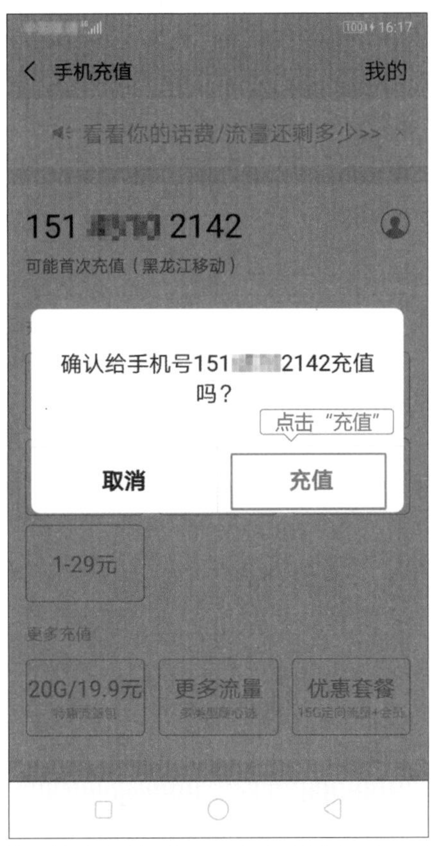
手机充值
我的
看看你的话费/流量还剩多少>>
可能首次充值（黑龙江移动）
确认给手机号151 2142充值吗？
点击“充值”
取消
充值
1-29元
更多充值
20G/19.9元
更多流量
优惠套餐

请输入支付密码
手机充值
¥50.00
支付方式
储蓄卡(3482)
输入密码
1
2
3
4
5
6
7
8
9
0

支付成功
手机充值
¥50.00
完成
点击“完成”

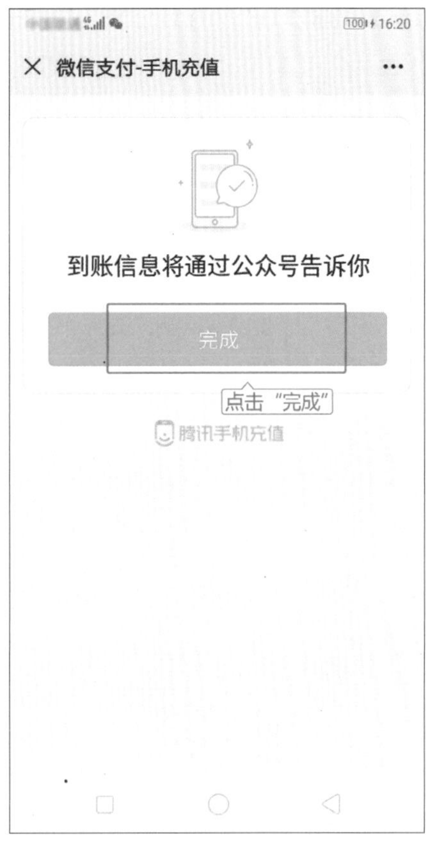
微信支付-手机充值
到账信息将通过公众号告诉你
完成
点击“完成”
腾讯手机充值

6. 微信中的交通出行

现在网络支付在我国绝大多数地区都很流行，无论是购物还是吃饭都可以用手机支付，甚至连乘坐公交车、打车都可以用手机进行支付。不但可以免去准备零钱坐公交的烦琐，也避免了冬季在室外打车长时间在寒风中等候的苦恼。本节对如何使用微信乘坐公交以及打车进行详细的讲解。

①申请公交乘车码

打开微信，点击下方的“发现”，屏幕拉到最下方点击“小程序”。

进入小程序界面后，点击右上方放大镜样式的“搜索”按钮。

进入搜索界面后，在上方文本框中输入“乘车码”三个字。

输入文字后，在弹出的列表中点击选择“乘车码”。

在搜索出的所有程序中，点击第一个“一卡通”的乘车码进

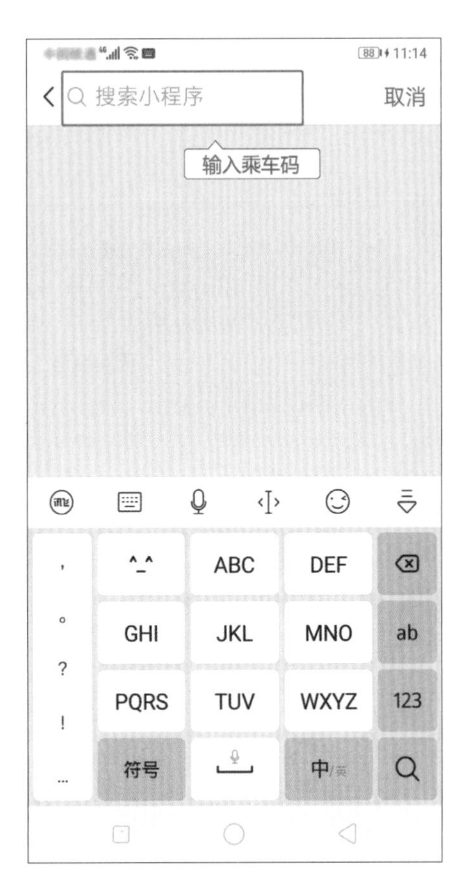

入。

在进入乘车码界面后，点击下方的“允许”来获取位置。

点击中间的“去开通”来开通乘车码。

先点击勾选协议，再点击下方的“立即开通”。

点击下方的“允许”来绑定手机号。

在输入框中输入自己的名字和身份证号，点击下方的“提交”按钮。

在弹出的验证界面点击下方的“授权验证”。

授权成功后，点击下方的“返

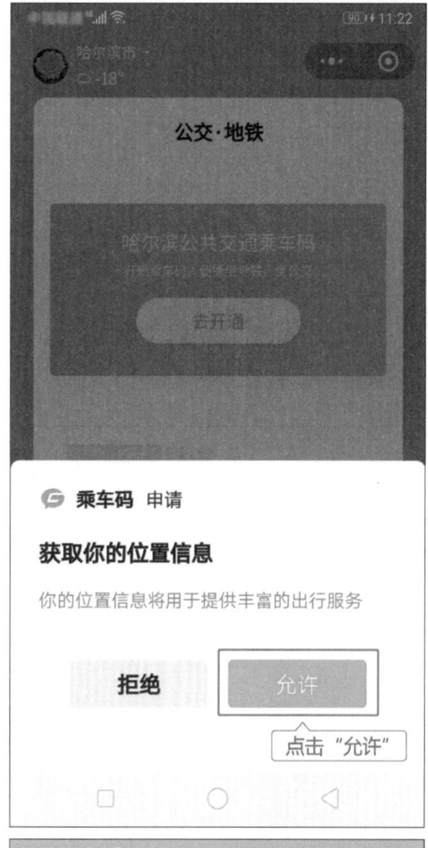
公交·地铁
哈尔滨公共交通乘车码
去开通
乘车码 申请
获取你的位置信息
你的位置信息将用于提供丰富的出行服务
拒绝
允许
点击“允许”

哈尔滨市
公交·地铁
哈尔滨公共交通乘车码
去开通
点击“去开通”
查公交线路
做路径规划
点击查询
地铁图
实时公交
路线规划
福利中心
乘车码使用攻略
了解详情

哈尔滨公共交通乘车码
开通乘车码，便捷坐地铁、坐公交
告别零钱
无需购票
先乘后付
先点击勾选
再点击“立即开通”
立即开通

乘车码 申请使用
你的手机号码
微信绑定号码
使用其他手机号码
点击“允许”
拒绝
允许

回”按钮。

在开通免密支付界面，点击下方的“开通免密支付”按钮。

在身份验证界面输入自己的微信支付密码。

点击下方的“完成”按钮，跳转到主界面。

在主界面的演示动画下面，点击“知道了”按钮。

在弹出的界面中先点击勾选下方文字选项，再点击“允许”按钮。

这样乘车码就申请成功了。

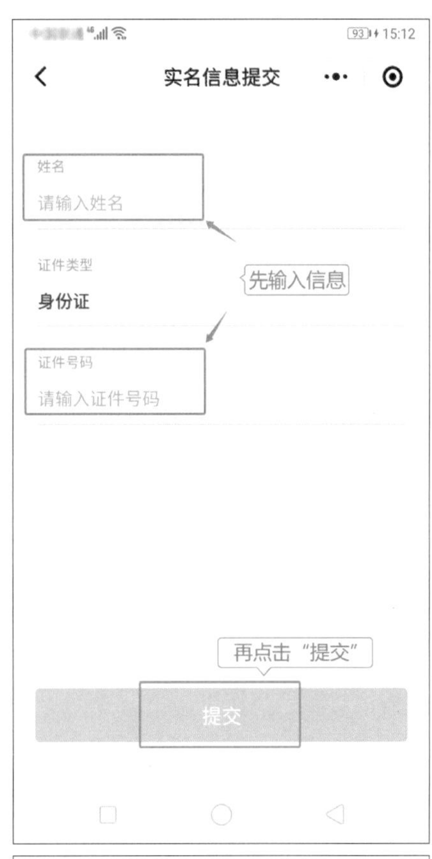

15:16
开通免密支付
哈尔滨公共交通乘车码微信免密支付
哈尔滨城市通
开通账号 乘车码
套餐内容 本服务由哈尔滨市城市通智能卡有限责任公司相关运营主体提供。您同意乘车后自动通过微信支付扣取实际车费。
扣费方式 储蓄卡（3482）
优先从所选扣费方式中扣除，扣费失败时将从其他扣费方式中扣除
开通免密支付
点击"开通免密支付"
你已阅读并同意《扣款授权确认书》

15:18
身份验证
请验证支付密码确认本人操作
点击输入密码
1 2 3
4 5 6
7 8 9
0

15:19
开通成功
开通成功
你的哈尔滨城市通账号（乘车码）已经成功开通"哈尔滨公共交通乘车码微信免密支付"
完成
点击"完成"

哈尔滨市
-16°
如何快速打开乘车码
1 点击 添加我的小程序
知道了
点击"知道了"
地铁图
实时公交
路线规划
福利中心
乘车码使用攻略
了解详情

②添加乘车码进入我的小程序

点击右上角的“...”图标，在弹出的界面中点击“添加到我的小程序”按钮，把它添加到小程序中，方便下次使用时可以快速地调出乘车码。

点击右上角的“⊙”按钮，退出小程序界面。

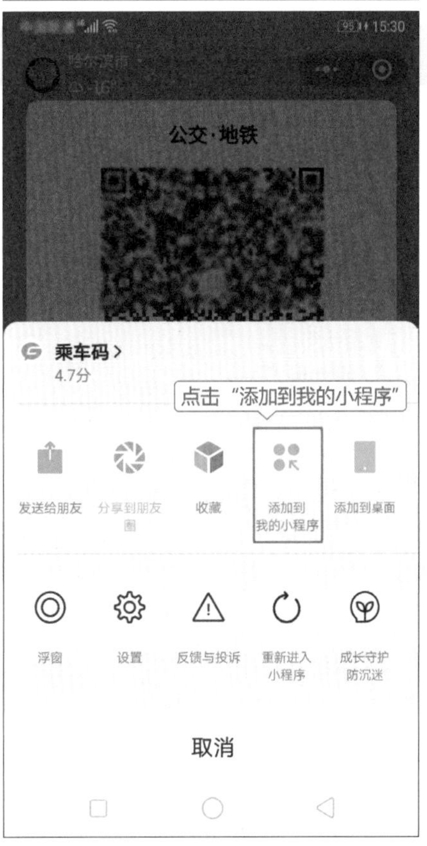

③使用乘车码

再次乘坐公交时，如何调出乘车码呢？

点击微信下方的“发现”，再把屏幕拉到最下面点击“小程序”。

进入小程序后，点击“我的小程序”。

在我的小程序中，点击选择“乘车码”。

打开乘车码后，对准公交刷卡器上的摄像头，就可以进行扫码刷卡了。

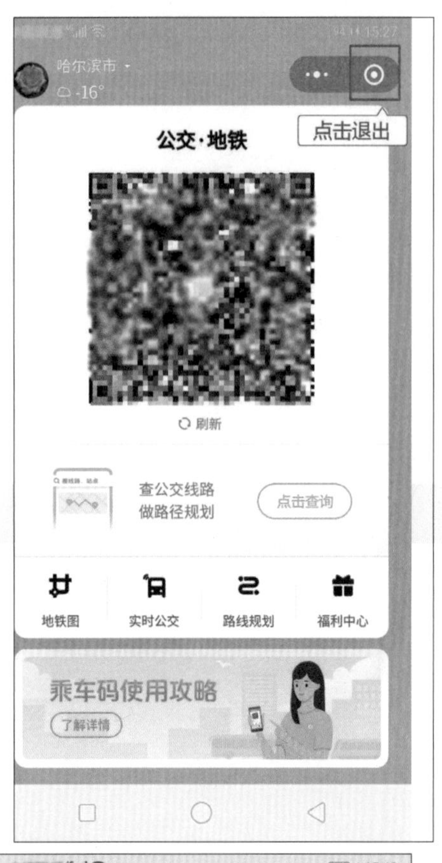

④查看实时公交位置

乘车码中还有一个非常重要的功能，就是查看实时公交。在里面可以看到所在站台经过的公交车的实时位置，它离乘客还有多远，下一辆车大概多久以后才能到，这

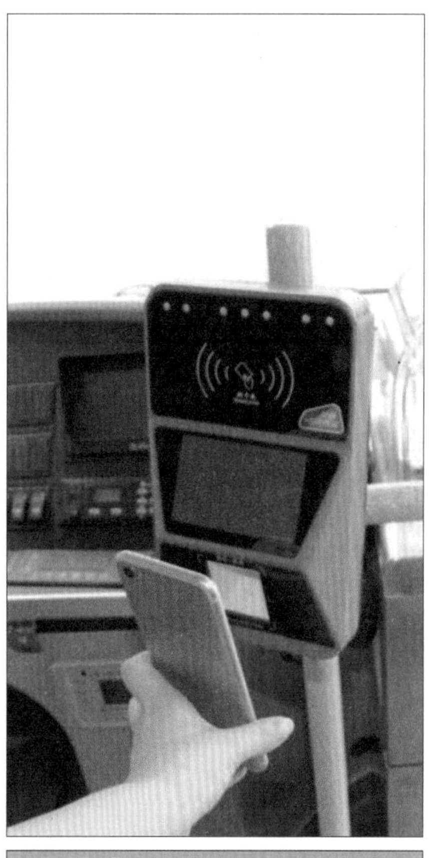

一切一目了然。

打开乘车码界面，点击二维码下方的“实时公交”按钮。

如果手机没打开位置信息，会提示“未开启位置信息授权”，点击下方的“取消”按钮。

从手机屏幕的最上方下拉屏幕调出菜单栏，并点击打开“位置信息”。

打开位置信息后，在实时公交界面从屏幕中间按住并下拉屏幕，来刷新屏幕信息。

成功刷新后，屏幕上会出现附近的公交站点和公交车，如下图所示，最近的125路公交马上到站，

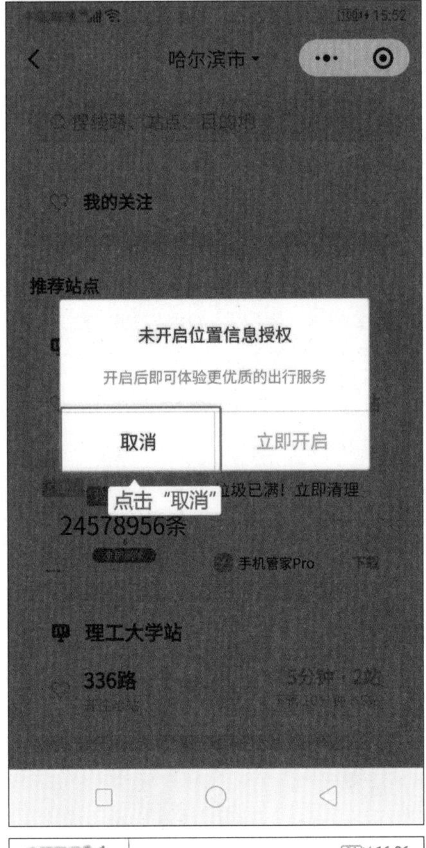
哈尔滨市
我的关注
推荐站点
未开启位置信息授权
开启后即可体验更优质的出行服务
取消
立即开启
点击“取消”
理工大学站
336路

WLAN
蓝牙
手电筒
响铃
自动旋转
Huawei Share
飞行模式
移动数据
位置信息
截屏
再点击打开
护眼模式
热点
屏幕录制
无线投屏
NFC
自动
先下拉屏幕
67路
理工大学站
336路
哈尔滨市
搜线路、站点、目的地
科技创新城 230m
125路
开往润和城小区二期
即将到站
下辆 21分钟 · 11站
122路
开往湖畔绿色家园小区
7分钟 · 4站
42路
开往博物馆
3分钟 · 1站
下辆 17分钟 · 11站
松北区政府 372m
146路区间
创新一路(秀月街路口) 533m
146路 146路区间
秀月街 539m
146路区间

哈尔滨市
搜线路、站点、目的地
刷新中...
我的关注
你附近的站点
下拉屏幕刷新信息
哈尔滨国际环保科技产… 22m
146路区间
开往枫叶小镇奥特莱斯
暂未发车
科技一路 225m
146路区间
开往枫叶小镇奥特莱斯
暂未发车

如果这趟没赶上，下一辆125路要等21分钟左右，离自己还有11站的距离；最近的122路大约7分钟到站，有4站的距离。

7. 微信中的餐饮外卖

扫一扫看本节视频讲解

随着互联网订餐模式的发展，很多商户都开始选择使用微信外卖订餐系统来改变排队点餐的现象。外卖订餐模式的出现，让就餐更加方便快捷，在手机里可以随时随地订餐，找到附近的商家并选择喜欢的美食，然后在线付款就可以了。整个过程仅需要几分钟就可以完成。如果没有外卖订餐平台，也许会纠结吃中餐还是西餐，吃川菜还是粤菜，尤其是朋友一起聚会时，大家的口味不同。如果用外卖订餐的话，就可以自由选择，各种美食应用尽有，既免除了找餐厅的痛苦，也解决了口味不一致的问题，还可以享受足不出户、由外卖员送餐上门的便捷。本节就对如何在微信中使用美团外卖订餐进行详细的讲解。

打开微信，点击“我”，再点击“支付”，进入支付界面后，屏幕拉到最下方，点击外卖。

在弹出的“免责声明”提示框中，点击下方的“我知道了”。

在弹出的获取位置提示框中，点击下方的“允许”。

如果手机没开启“位置信息”，将无法获取到点餐人的地址，如下图所示。

此时要下拉屏幕菜单，点击打开“位置信息”。

打开位置信息后，返回到界面，点击“再来一次”，重新获取位置。

成功获取位置后，会自动进入到上外卖的主界面，可以在上方搜索栏直接输入食品名进行搜索，也可以点击下方“美食”按钮查看附近的美食。先来点击“美食”按钮。

进入美食界面后，拖动屏幕往下滑可以浏览附近都有哪些店铺，找到想购买的店铺后点击进入店铺。

进入店铺以后可以看到各种套餐类型和价格，选择自己想购买的套餐，点击该套餐下的“选规格”。（也可以点击“+”号一同选择其他分类。）

选择好规格后，点击下方的“加入购物车”。

加入购物车后，系统会自动计算各种优惠券满减之后的价格，点击下方的“去结算”。

在弹出的登录申请框中点击下方的“允许”按钮。

在登录界面点击下方的“微信登录”按钮来登录账号。

在弹出的申请界面点击下方的“允许”按钮。

由于是第一次使用，需要验证身份。可以选择短信验证，

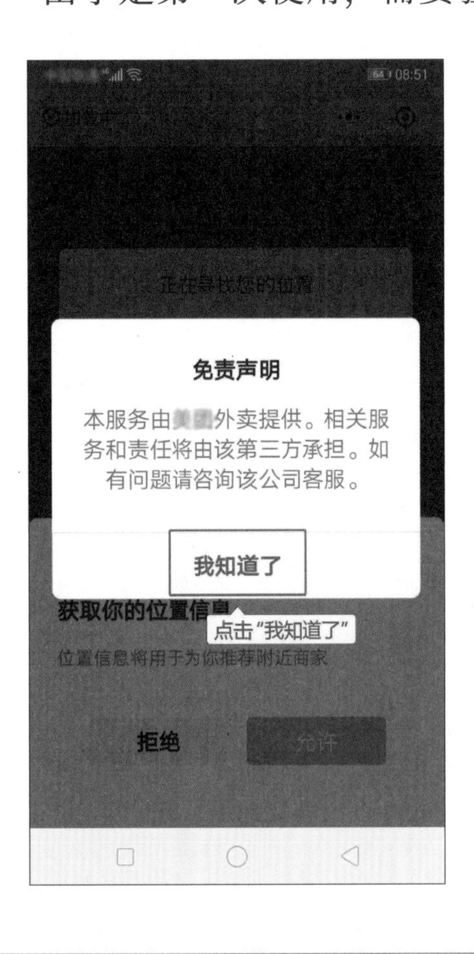

附近地址 ›
找不到您的位置请开启定位或手动选择地址
再来一次
手动选择地址
首页
订单
我的

QianSoft
蓝牙
手电筒
响铃
自动旋转
Huawei Share
飞行模式
移动数据
位置信息
截屏
点击打开"位置信息"

附近地址 ›
找不到您的位置请开启定位或手动选择地址
再来一次
手动选择地址
点击"再来一次"
首页
订单
我的

哈尔滨科技创新城创新创业…
三骨斗米饭 满30减28
麻辣烫
饺子
输入名称搜索
新用户专享
最高60元免费领
¥60
美食
超市便利
蔬菜水果
买药
跑腿代购
或点击 "美食"
汉堡披萨
早餐
饺子馆
天天神券
浪漫鲜花
新人1元起购
0元起送 免餐盒费 免配送费
更多 ›
孜然烤肉拌饭…
【双拼】大碗…
国王拌饭+2粒…
首页
赚钱
订单
我的

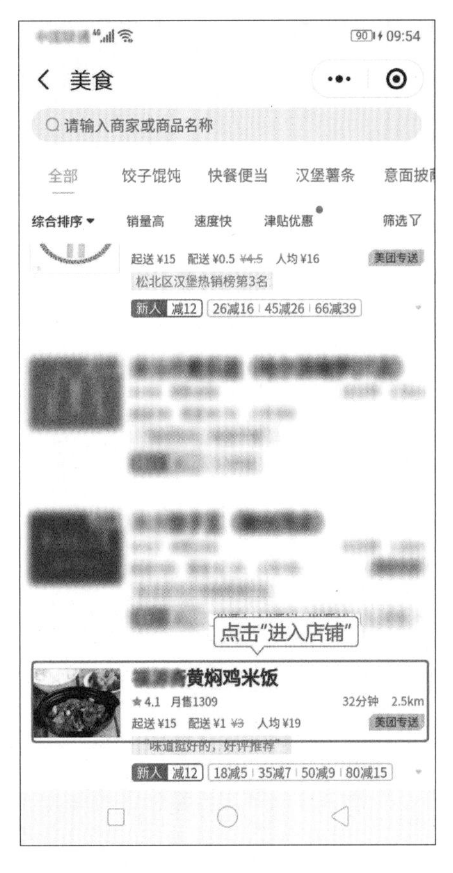

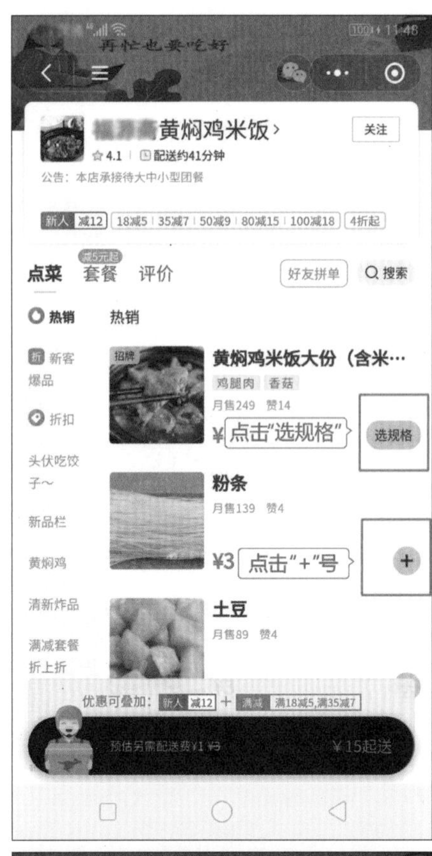

在验证中心界面点击下方的“短信”按钮。

在验证中心界面，点击后方的“发送验证码”按钮。

此时手机会收到一条短信息，里面有一组6位数字的验证码，把这组验证码填入验证码框中，并点击下方的“验证”按钮。

验证码输入正确后，稍等几秒钟，会进入下一界面，点击“新增收货地址”来填写详细地址，以便外卖员能准确地把点的餐送到。

进入添加地址界面后，点击收货地址后方的空白处，先选择

满减后的价格
点击"去结算"

点击"允许"

点击"微信登录"

点击"允许"

一个大概的地址范围。

进入界面后地图会自动给出附近的几个地址，选择与自己相对应的地址。

在门牌号后面的输入框填写自己的详细门牌号，再把联系人和手机号如实填写进去，点击下方的“保存地址”。

填写好地址后，界面会显示所点的餐大概的送达时间和金额等信息，确认无误后，点击下方的“去支付”按钮。

在弹出的支付界面会显示要支付的金额，在下方输入微信的支付密码。

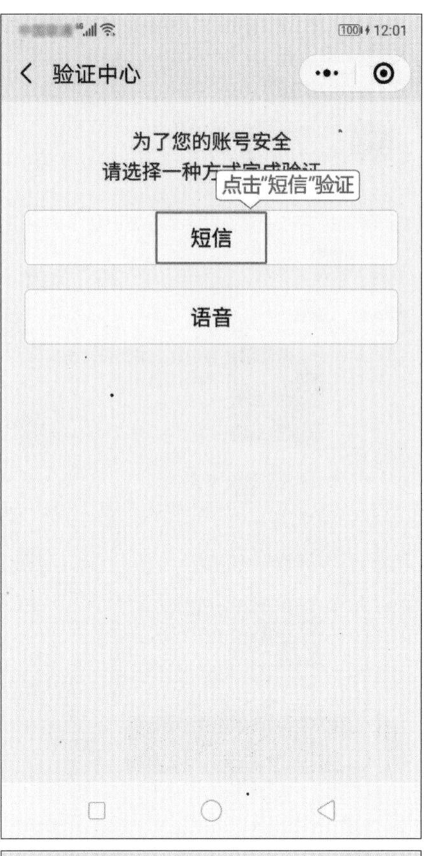

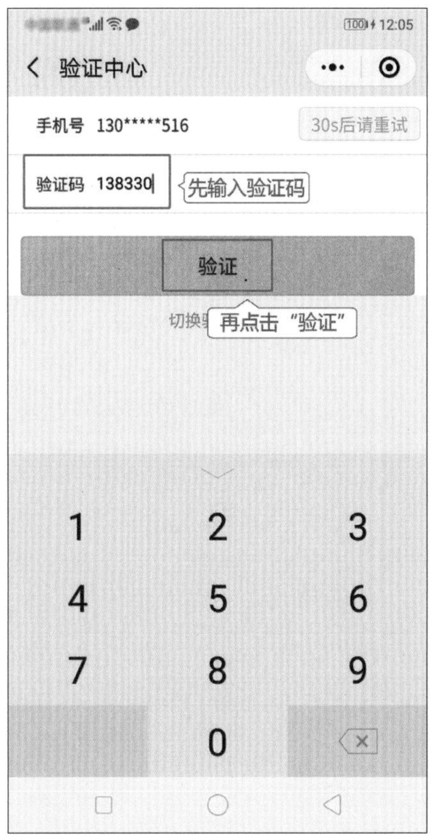

支付成功后，点击屏幕下方的“完成”按钮返回界面。

在弹出的界面中先勾选下方的选项，再点击“允许”按钮。

在弹出的优惠券界面点击下方“好的”按钮，领取优惠券并返回主界面。

返回主界面后，可以看到商家已经接单并开始制作所点的美食了，下方会提示“预计送达时间”，这时只需要耐心等待外卖员打电话并送餐就可以了。

当然也可以点击下方按钮来“取消订单”或者“修改地址电话”。如不需要修改，点击左

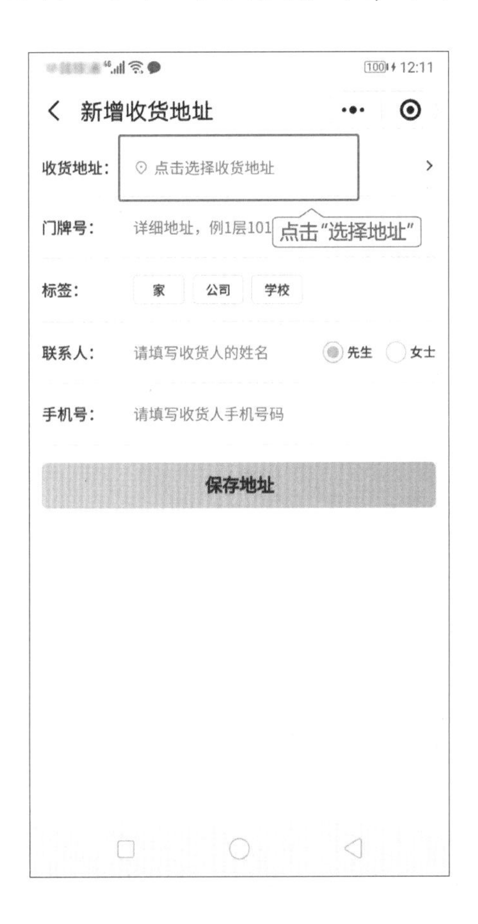

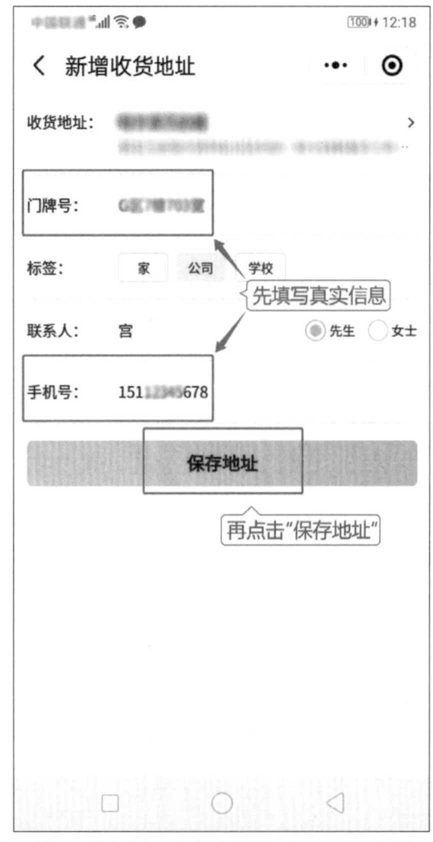
新增收货地址
收货地址：
门牌号：
标签： 家 公司 学校
先填写真实信息
联系人： 宫 先生 女士
手机号：
保存地址
再点击"保存地址"

提交订单
立即送出
大约12:52送达
送达时间
黄焖鸡米饭
美团专送
黄焖鸡米饭大份（含米饭、小咸…
¥ 28
微辣
x1
打包费 ¥ 1
配送费 ¥ 2.5 ¥ 0.5
新人立减 新人专享 -¥12
满减优惠 -¥5
美团红包 暂无可用
商家代金券 暂无可用
已优惠 ¥19 小计 ¥12.5
¥12.5
已优惠¥19
点击"去支付"
去支付

请输入支付密码
平台商户
¥12.50
支付方式 哈尔滨银行储蓄卡(3482)
输入密码
1 2 3
4 5 6
7 8 9
0

支付成功
平台商户
¥12.50
完成
点击"完成"

上角的“回退”按钮，返回主界面。

回到主界面后，点击下方的“订单”按钮，可以看到提示信息，所点的餐已经做好了，正在由外卖员送货途中，再耐心等待一会儿就可以拿到订的餐了。

8. 微信中的就医挂号

以往去医院看病都需要在窗口排队挂号、缴费，费时费力，效率还低。现如今在这个人手一部智能手机、网络高度发达的时代，各大医院基本都开通了微信预约挂号、缴费，只要关注医院的微信公众号，到个人中心绑定病人的身份信息，就可以随时随地挂号、缴费。手机在手，轻松方便，既免去了排长队等候而浪费时间的烦恼，又提高了通行就诊率。本节以哈尔滨医大一院和医大四院为例，详细讲解如何使用微信进行预约挂号等操作。

①医大一院

打开微信，点击下方的“通讯录”，在通讯录中找到“公众号”并点击进入。

进入公众号界面后，由于从未关注过任何公众号，所以列表中是空的，点击右上角的“+”号来添加公众号。

在上方搜索栏中输入“哈尔滨医科大学”，系统会自动弹出一个列表，点击选项“哈尔滨医科大学附属第一医院”。

选择后，系统会自动列出所有带有该关键字的公众号，继续点击选择“哈尔滨医科大学附属第一医院”。

进入该公众号界面后，点击屏幕中间的“关注公众号”按钮来添加关注。

关注成功后，会自动进入到该医院的公众号主界面，点击左下角的“医疗服务”按钮，在弹出的菜单中再点击“预约挂号”按钮。

在获取个人信息界面点击右下方的“允许”按钮。

首次预约需要填写电子健康卡信息。首先上传身份证照片，点击右侧的“+”号框。

在弹出的页面中点击选择“相机”按钮。

哈尔滨医科大学
先输入信息
哈尔滨医科大学附属第一医院
哈尔滨医科大学附属
再点击选择
哈尔滨医科大学附属第二医院
哈尔滨医科大学附属第二医...
哈尔滨医科大学图书馆
哈尔滨医科大学计划财务处

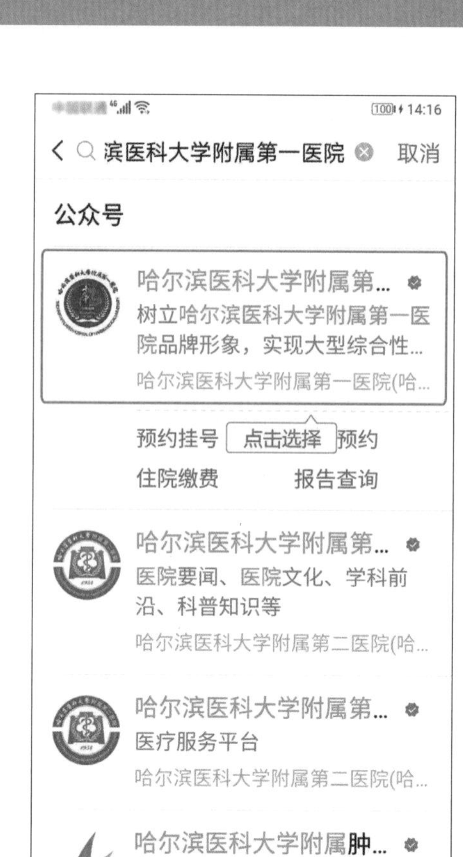

滨医科大学附属第一医院
取消
公众号
哈尔滨医科大学附属第...
树立哈尔滨医科大学附属第一医院品牌形象，实现大型综合性...
预约挂号
点击选择
预约
住院缴费
报告查询
哈尔滨医科大学附属第...
医院要闻、医院文化、学科前沿、科普知识等
哈尔滨医科大学附属第...
医疗服务平台
哈尔滨医科大学附属肿...

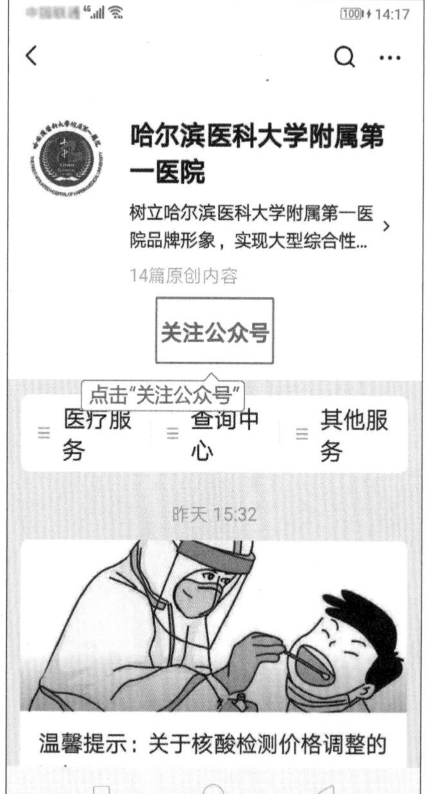

哈尔滨医科大学附属第一医院
树立哈尔滨医科大学附属第一医院品牌形象，实现大型综合性...
14篇原创内容
关注公众号
点击"关注公众号"
医疗服务
查询中心
其他服务
昨天 15:32
温馨提示：关于核酸检测价格调整的

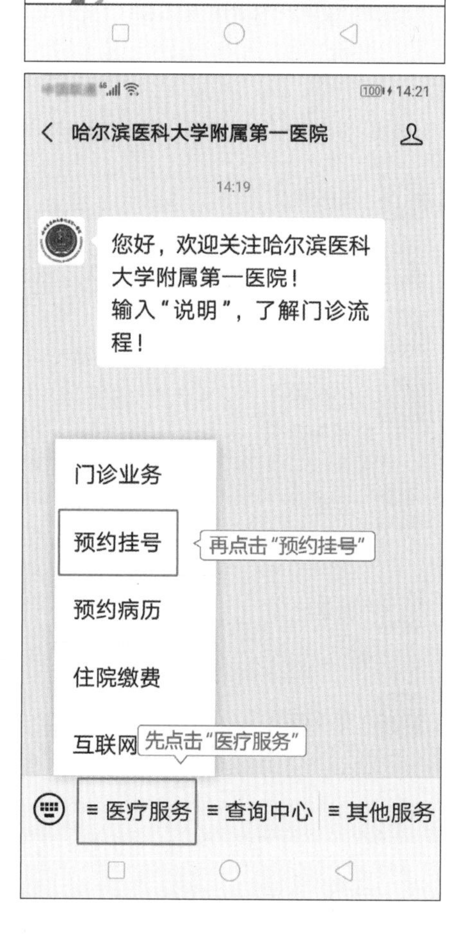

哈尔滨医科大学附属第一医院
14:19
您好，欢迎关注哈尔滨医科大学附属第一医院！
输入"说明"，了解门诊流程！
门诊业务
预约挂号
再点击"预约挂号"
预约病历
住院缴费
互联网
先点击"医疗服务"
医疗服务
查询中心
其他服务

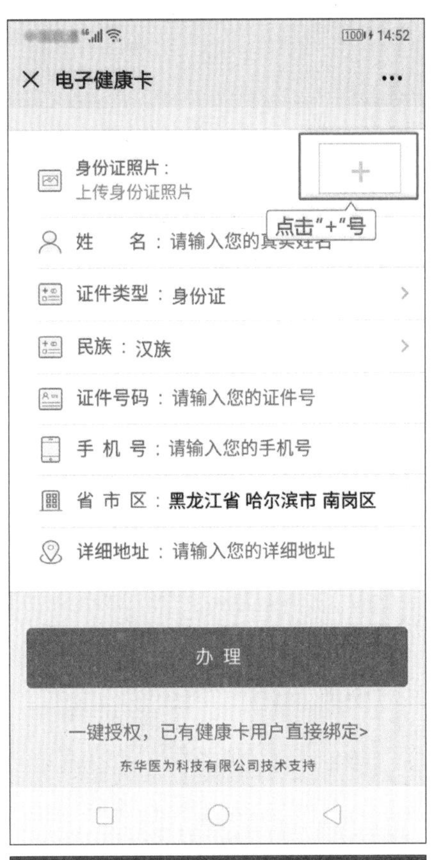

拿出自己的身份证,用手机对准身份证,点击屏幕中间的“拍照”按钮。

点击完拍照后,如果照片拍得模糊了可以点击左上角的“×”按钮进行重拍。如果确认文字都可以看清,点击右上角的“√”按钮来确定照片。

确定好身份证照片后,系统会自动识别出姓名、身份证号、家庭住址等信息,只需要如实填写好自己的手机号即可。所有信息都正确无误后,点击下方的“办理”按钮。

在弹出的建卡成功界面上点击

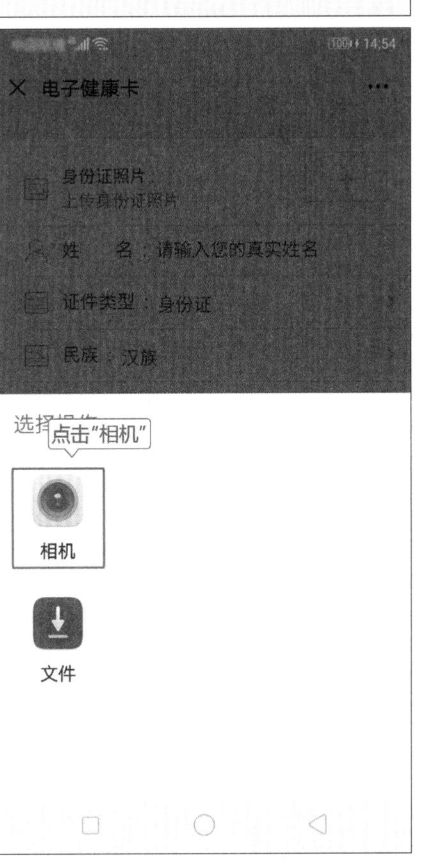

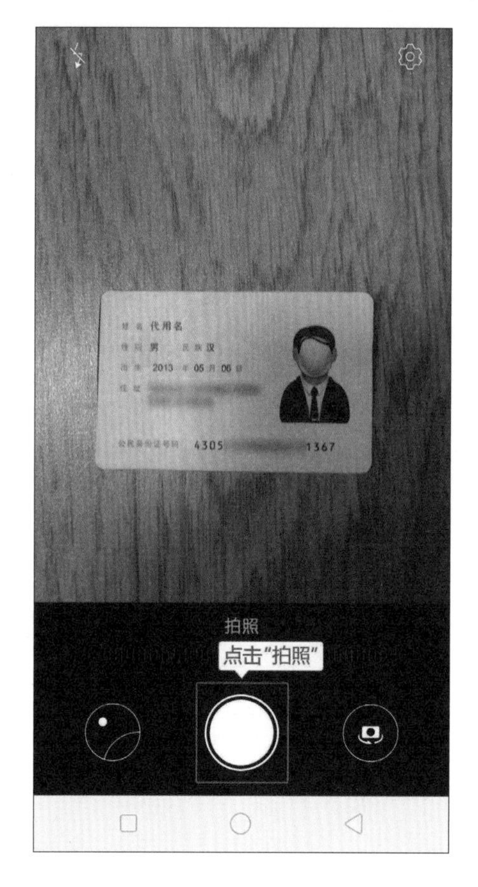

“确定”。

在电子健康卡界面，点击左上角的“×”按钮，退出当前界面，返回到公众号主界面。

在主界面，再次点击左下角的“医疗服务”按钮，在弹出的菜单中再点击“预约挂号”按钮。

按自己的实际情况点击选择想挂号的医院地址。

选择好分院后，点击选择左侧科室主分类，再点击右侧的具体科室。

进入科室界面后，先在上方选择预约的日期，然后屏幕向下滑动，选择想预约的医生并点击该医

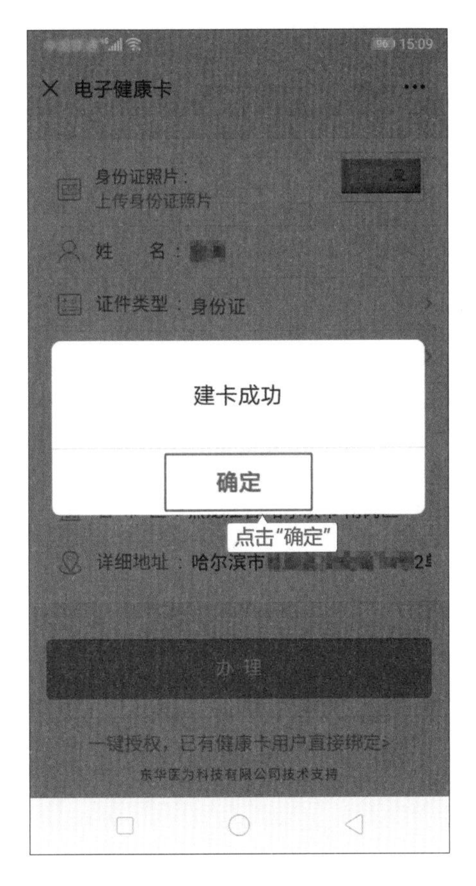

生下方的“去支付”按钮。

在下方弹出的界面中，先选择时间段，再点击右下方的“确认”按钮。

在付款界面，对预约的医生和挂号的金额确认无误后，点击下方的“立即付款”按钮。

在弹出的“就诊须知”中，会提示带好身份证件，准备好自己的健康码等材料后，再前往就诊。可以往下滑动手机屏幕查看完整的就诊须知，也可以直接点击下方的“确定”按钮。

由于受新冠疫情影响，就诊前需填写一份筛查表，选择好自己的

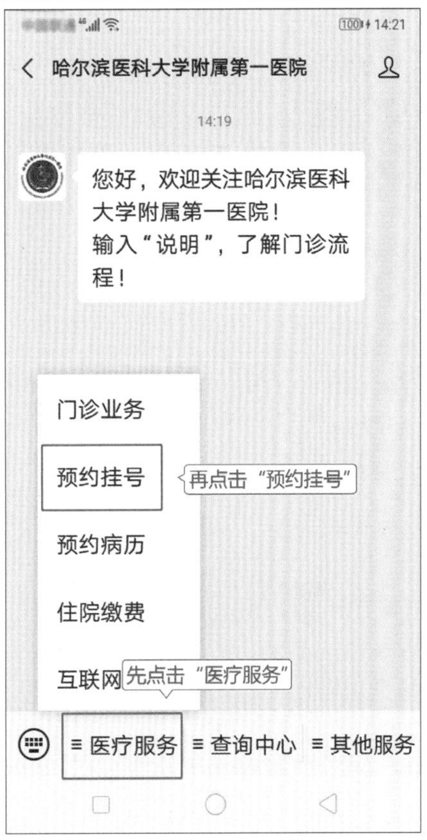

15:24
院区选择
南岗院区
点击选择
地址:
区东大直街199号
群力院区
地址: 哈尔滨市道里区群力第七大道2075号
伍连德纪念医院院区
地址: 哈尔滨市道外区保障街140号

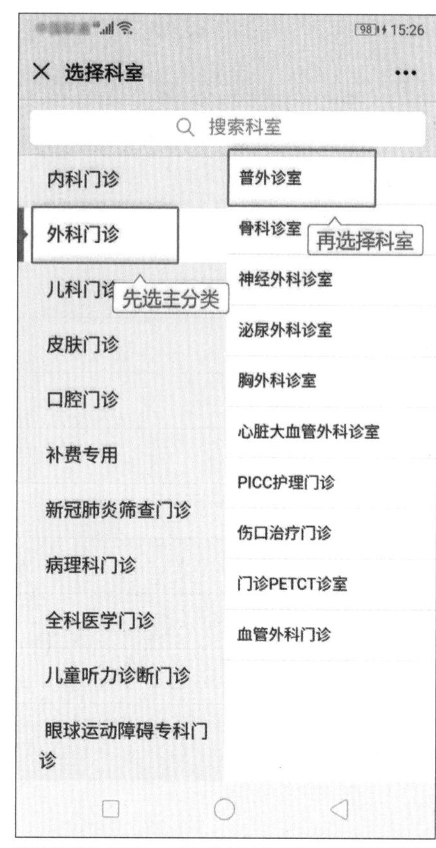
15:26
选择科室
搜索科室
内科门诊
外科门诊
儿科门诊
先选主分类
皮肤门诊
口腔门诊
补费专用
新冠肺炎筛查门诊
病理科门诊
全科医学门诊
儿童听力诊断门诊
眼球运动障碍专科门诊
普外诊室
骨科诊室
再选择科室
神经外科诊室
泌尿外科诊室
胸外科诊室
心脏大血管外科诊室
PICC护理门诊
伤口治疗门诊
门诊PETCT诊室
血管外科门诊

15:41
普外诊室
20 周三 有号
21 周四 有号
22 周五 有号
23 周六 有号
24 周日 有号
25 周一 有号
26 周二 有号
先选择时间
专家, 亚专业:胃癌外科,脾外科,
胃肠道间质瘤外科,门静脉高压症外科
擅长:
2021-01-21 上午
剩23 总25
¥100 去支付
知名专家, 亚专业:胃癌外科,胃肠道
间质瘤外科,门静脉高压症外科,脾外科
擅长:
2021-01-21 下午
剩20 总20
¥100 去支付
正主任医师, 亚专业:肛周疾病专科门
诊,结直肠肛周疾病多学科诊治门诊
擅长:
再点击"去支付"
2021-01-21 上午
剩14 总20
¥23 去支付
正主任医师, 亚专业:肝脏外科门诊,胆道

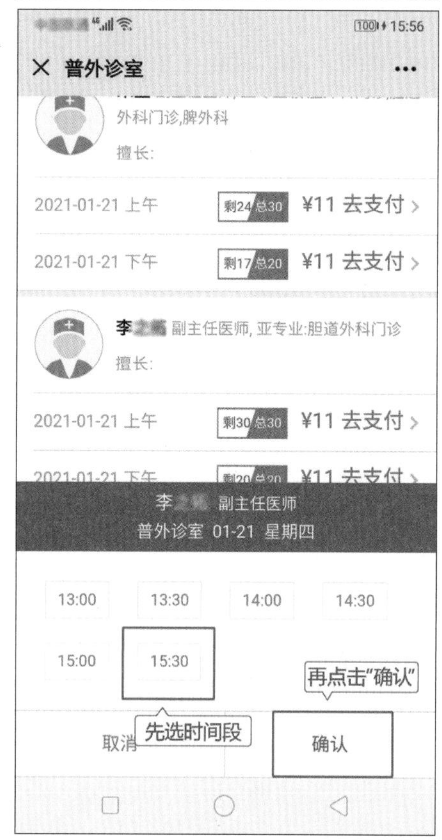
15:56
普外诊室
外科门诊,脾外科
擅长:
2021-01-21 上午
剩24 总30
¥11 去支付
2021-01-21 下午
剩17 总20
¥11 去支付
副主任医师, 亚专业:胆道外科门诊
擅长:
2021-01-21 上午
剩30 总30
¥11 去支付
副主任医师
普外诊室 01-21 星期四
13:00
13:30
14:00
14:30
15:00
15:30
再点击"确认"
取消
先选时间段
确认

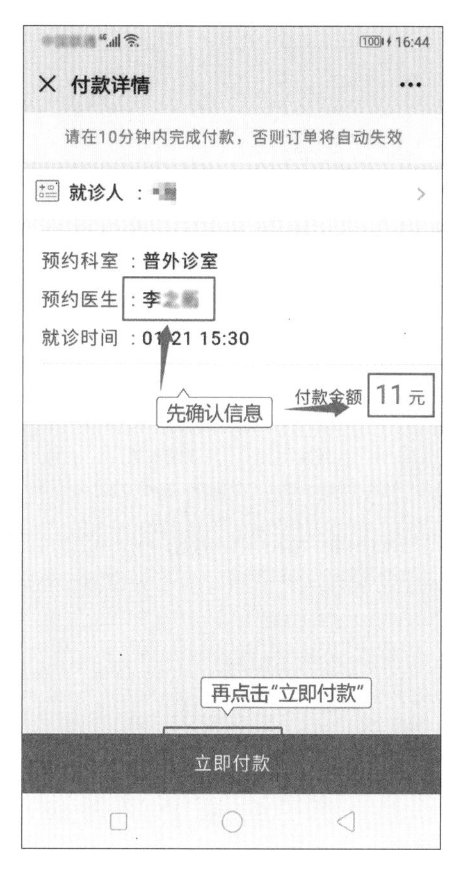

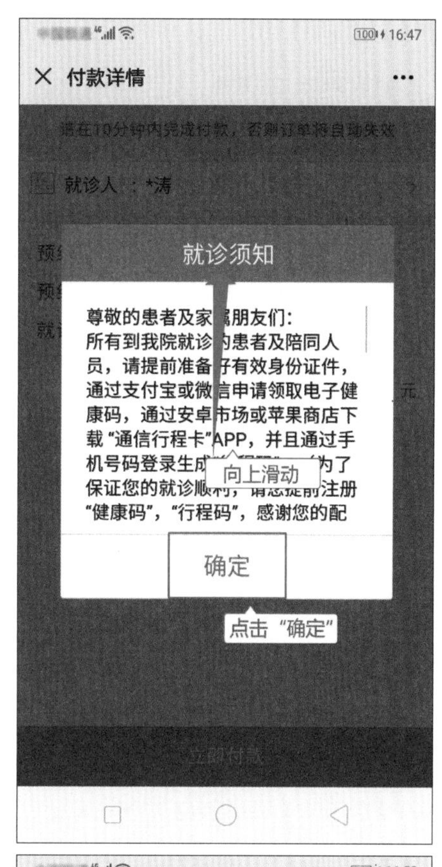

性别，填写自己的手机号、亲属的手机号、自己的地址后，屏幕往下滑动继续填写其他信息。

在如实填写好所有信息并确认无误的情况下，点击屏幕下方的"提交"按钮。

提交成功后，点击屏幕中间的"确定"按钮进入下一步。

进入支付界面后，点击屏幕下方的"确认支付"按钮。

在支付界面输入微信支付密码。

支付成功后，点击屏幕下方的"完成"按钮返回主界面。

返回主界面后，会收到公众号

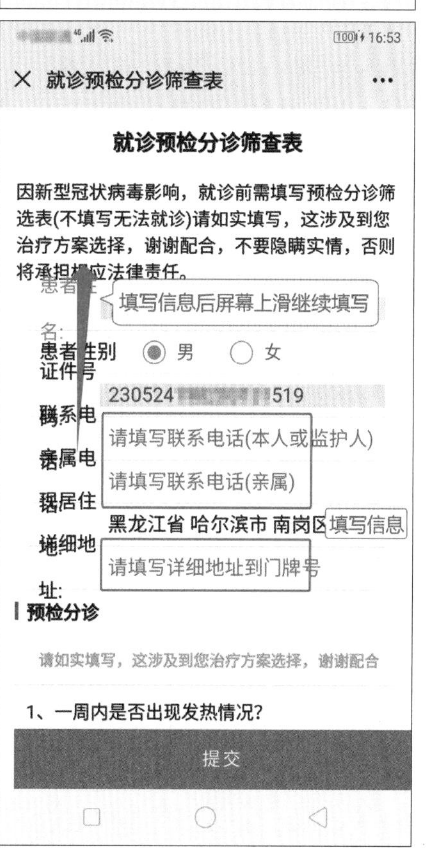

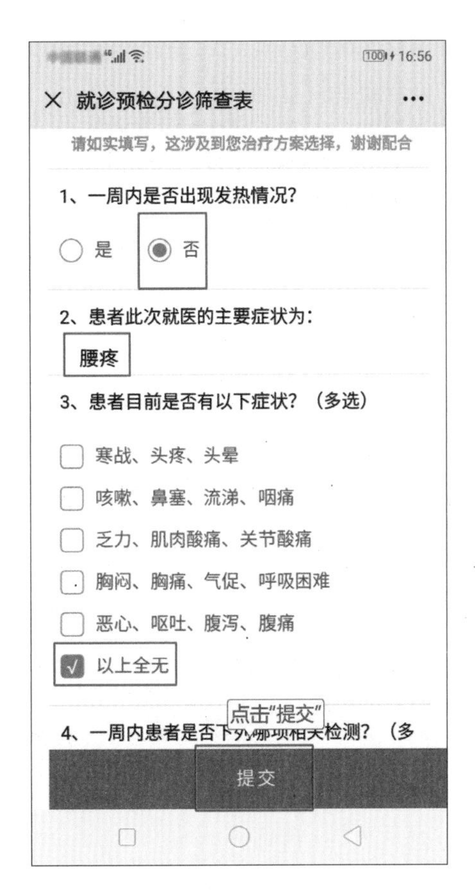

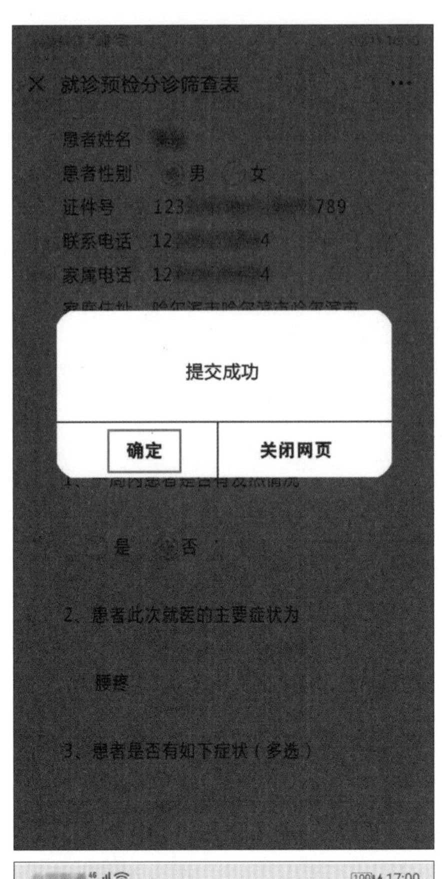

发来的信息，提示预约挂号已经成功，只需按预约的时间稍提前一点到达医院就诊即可。

当然，如果挂错了号，或者干脆不想去了，也可以选择退号。屏幕往下滑，点击下方的“查看详情”按钮。

点击“查看详情”后会进入“我的记录”界面，点击右侧的“待就诊”按钮。

在进入的“挂号详情”界面，点击下方的“退号”按钮。

点击退号按钮以后，会收到提示，“累计三次退号将进入黑名单，三个月内将无法再挂

请输入支付密码
哈尔滨医科大学附属第一医院
¥7.00
支付方式
储蓄卡(3482)
输入密码
1
2
3
4
5
6
7
8
9
0

支付成功
哈尔滨医科大学附属第一医院
¥7.00
完成
点击"完成"

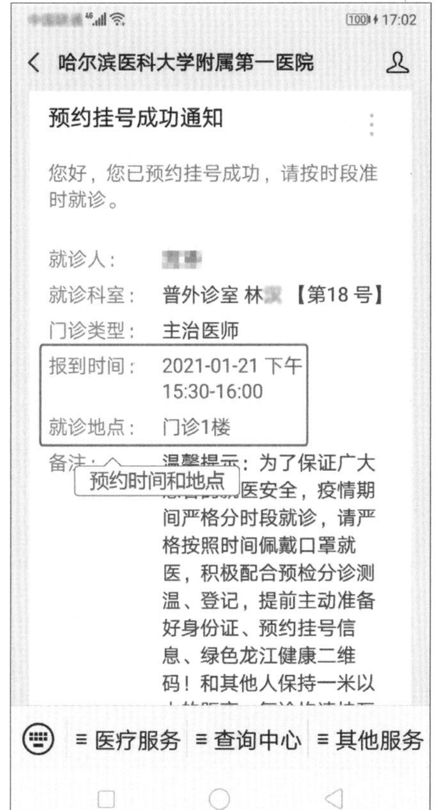
哈尔滨医科大学附属第一医院
预约挂号成功通知
您好，您已预约挂号成功，请按时段准时就诊。
就诊人：
就诊科室：普外诊室 林 【第18号】
门诊类型：主治医师
报到时间：2021-01-21 下午 15:30-16:00
就诊地点：门诊1楼
预约时间和地点
间严格分时段就诊，请严格按照时间佩戴口罩就医，积极配合预检分诊测温、登记，提前主动准备好身份证、预约挂号信息、绿色龙江健康二维码！和其他人保持一米以
医疗服务
查询中心
其他服务

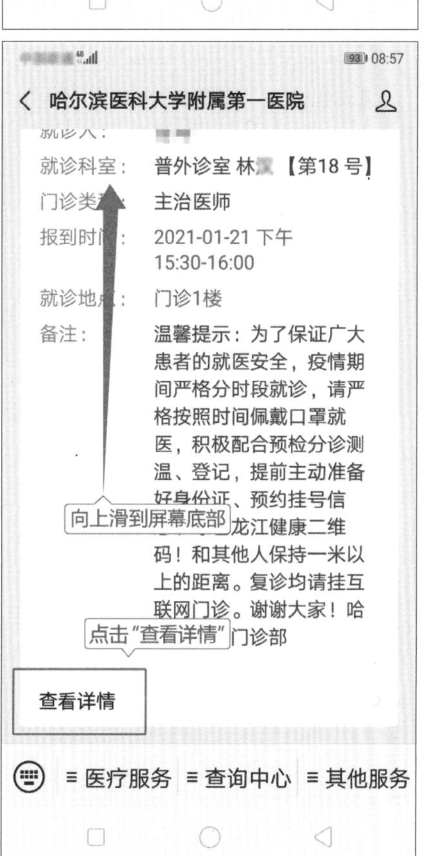
哈尔滨医科大学附属第一医院
就诊科室：普外诊室 林 【第18号】
主治医师
2021-01-21 下午 15:30-16:00
门诊1楼
备注：
温馨提示：为了保证广大患者的就医安全，疫情期间严格分时段就诊，请严格按照时间佩戴口罩就医，积极配合预检分诊测温、登记，提前主动准备
向上滑到屏幕底部
码！和其他人保持一米以上的距离。复诊均请挂互联网门诊。谢谢大家！哈
点击"查看详情"
门诊部
查看详情
医疗服务
查询中心
其他服务

号”，点击“确认”按钮。

成功退号后，会返回到“我的记录”界面，此时可以看到之前的挂号信息已经不见了，点击左上角的“×”返回主界面。

返回主界面后，会看到系统提示的退号成功信息，提示挂号所支付的金额将在1-3个工作日内原路退回。通常情况下，退款十几秒钟以后就会退回。

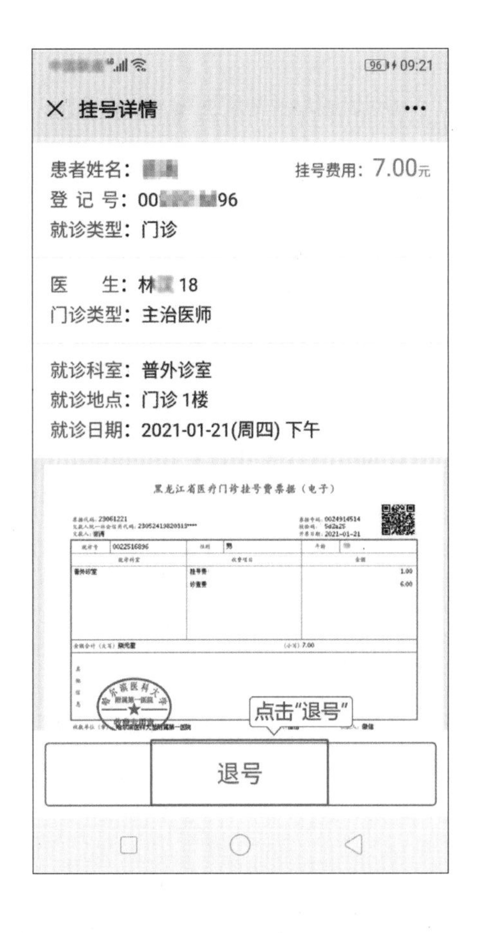

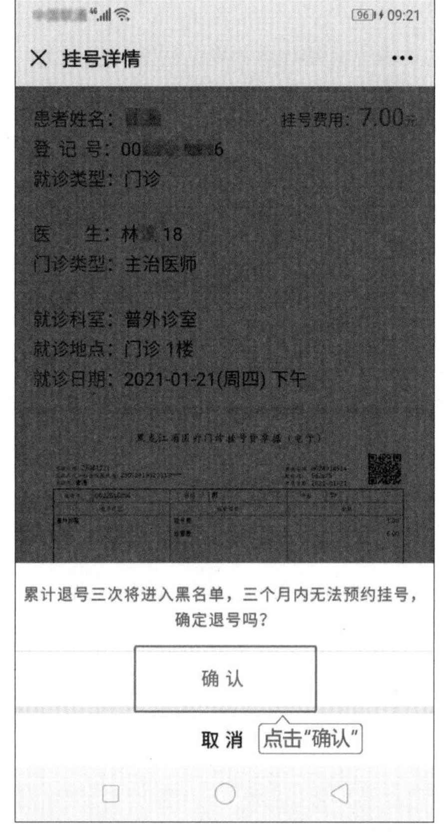

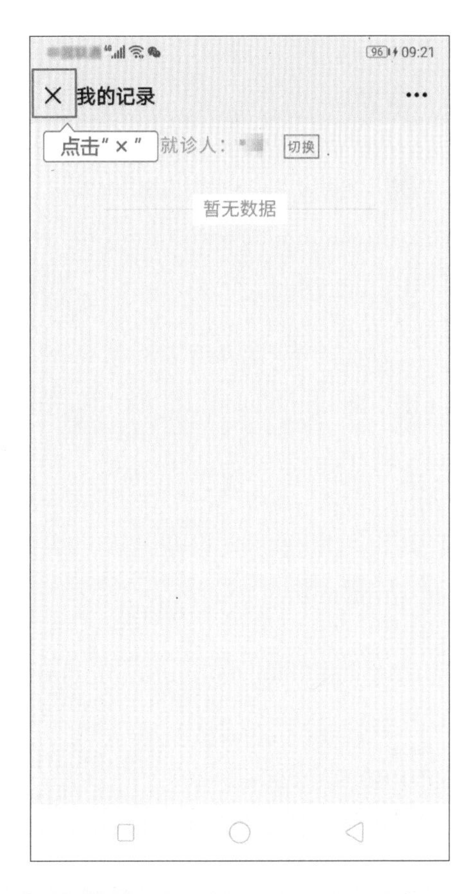

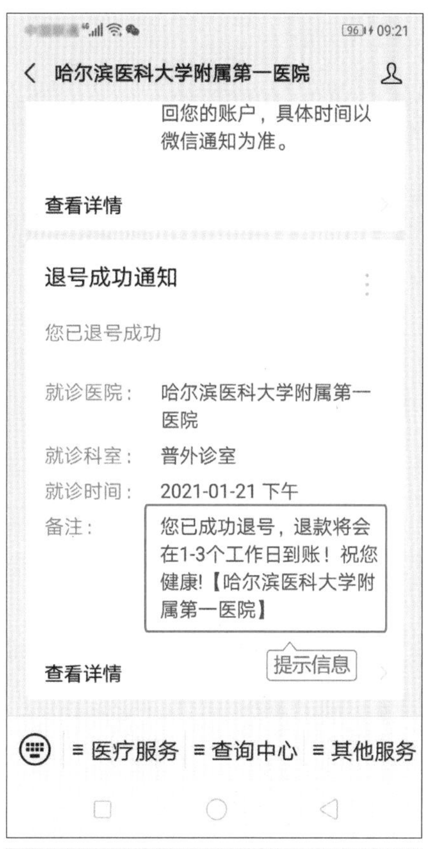

②医大四院

打开微信，点击下方的“通讯录”，在通讯录中找到“公众号”并点击进入。

进入公众号界面后，点击右上角的“+”号来添加公众号。

在上方搜索栏中输入“哈医大”，系统会自动弹出一个列表，点击列表中选项“哈医大四院”。

选择后，系统会自动列出所有带有该关键字的公众号，继续点击选择“哈医大四院”。

进入该公众号界面后，点击屏幕中间的“关注公众号”按钮来添加关注。

关注成功后，会自动进入到该医院的公众号主界面，点击左下角的“挂号”按钮，在弹出的菜单中再点击“挂号”按钮。

按自己的实际情况点击选择想挂号的江南总院或江北分院。

上下滑动屏幕，找到并点击想预约的科室。

先在屏幕上方选择好就诊日期，再选择医生，并点击该医生的信息栏。

进入“医生详情”页后，下面会显示该医生时间段内剩余号数及价格，点击选择自己想就诊的时间段。

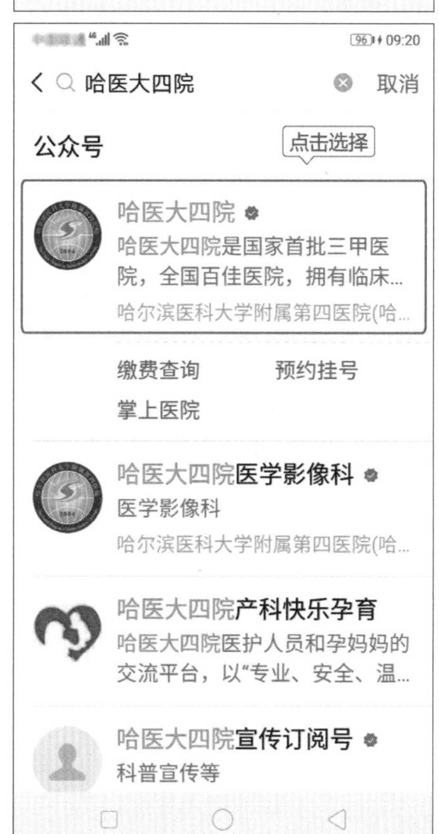

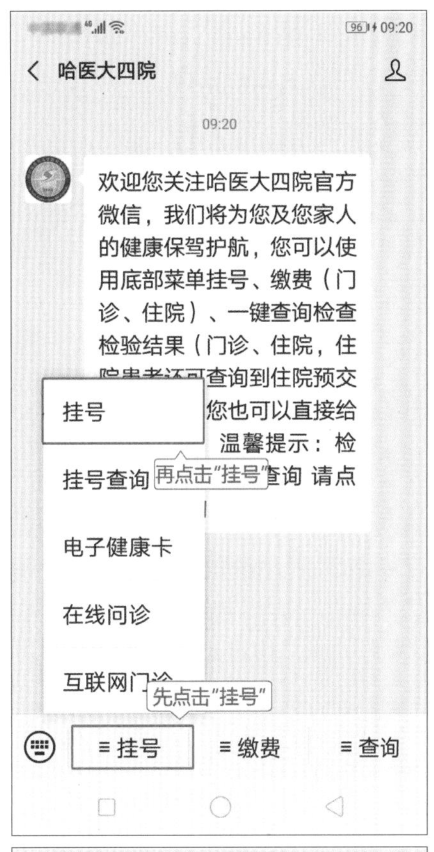

10:15
预约挂号
搜索科室/医生
急诊外科门诊
甲状腺头颈肿瘤门诊
介入血管外科门诊
精神心理科门诊
口腔科门诊
口腔颌面外科
点击选择
老年病科门诊
泌尿外科门诊
内分泌科门诊
皮肤科门诊
普通外科门诊
起搏器随访门诊

选择好时间段后，会要求绑定手机号。输入手机号，并点击下方的“获取验证码”按钮。

在点击完获取验证码后，会弹出验证提示框。按住方框一直滑动到最右侧。

此时会收到一条手机短信，里面包含一个6位数的验证码。把这个验证码填写好，并点击下方的“下一步”按钮。

由于受新冠疫情影响，就诊前需填写一份筛查表。选择好自己的性别、填写自己的姓名后，屏幕往下滑动继续填写手机号、家庭住址等其他信息。

在如实地填写好所有信息并确认无误的情况下，点击屏幕下方的“提交”按钮。

提交成功后，点击屏幕下方的“已填写提交完成”按钮进入下一步。

在确认信息界面，点击屏幕下方的“确认订单”按钮。

进入支付页面后，点击屏幕下方的“立即支付”按钮。

在支付界面输入微信支付密码。

支付成功后，点击屏幕下方的“完成”按钮返回主界面。

支付成功后，会弹出支付成功

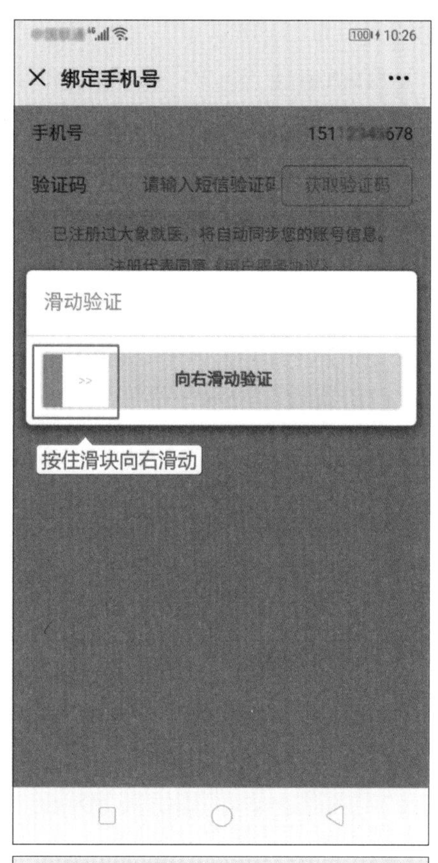

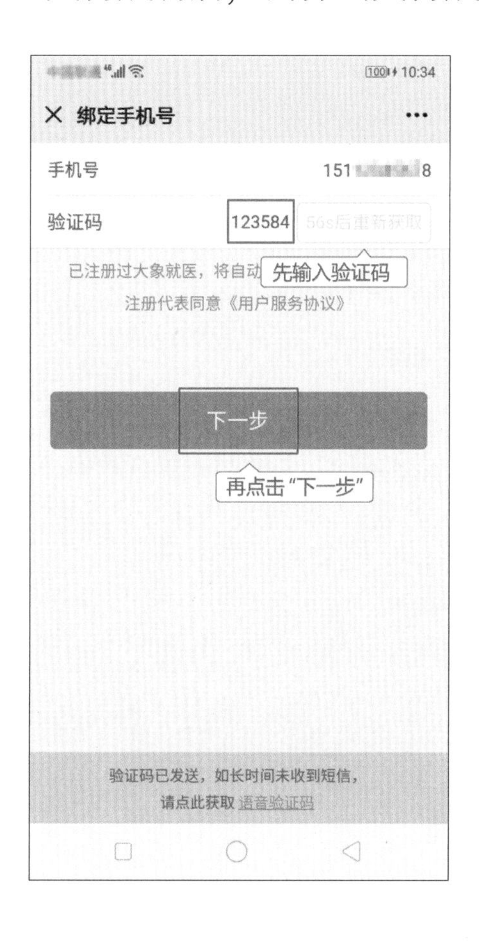

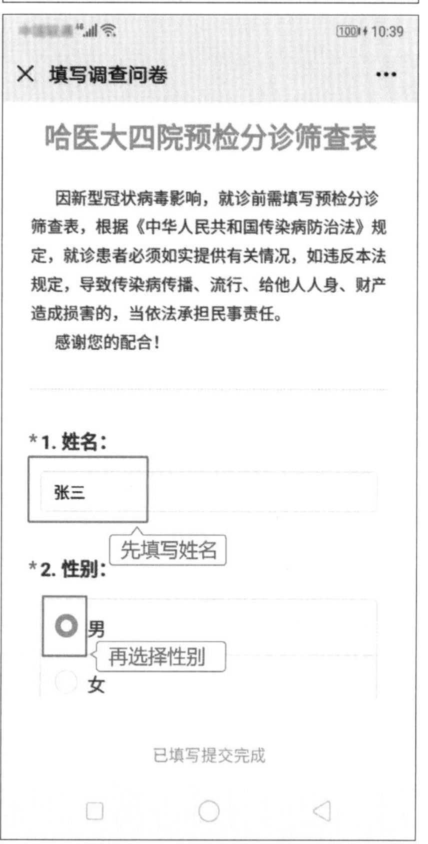

界面，会提示预约挂号已经成功，以及就诊的时间、地点。点击下方的“查看我的预约”按钮，可以查看记录。

进入“预约挂号记录”后，可以看到所有的历史挂号记录。由于是第一次微信挂号，所以只有一条记录。点击该记录可以进入查看详情。

当然，如果挂错了号，或者干脆不想去了，也可以选择退号。在“预约挂号详细”界面，点击屏幕下方的“退号”按钮。

如果确实要退号，请在弹出的确定退号窗口点击“确定”按钮，

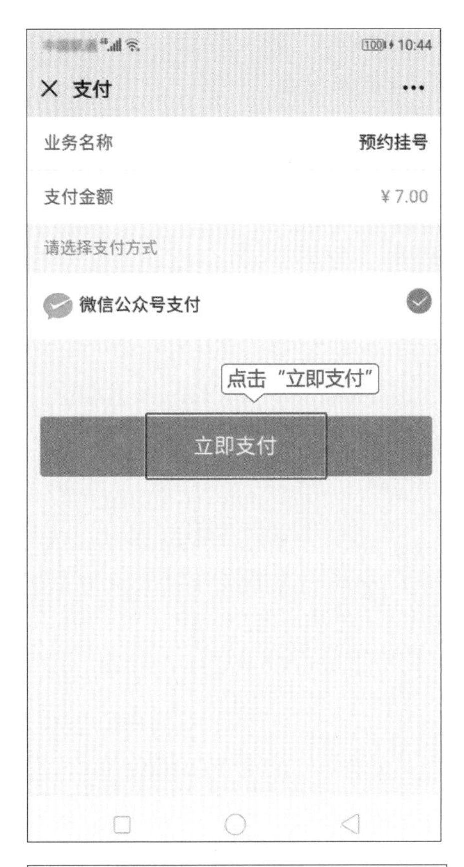
支付
业务名称
预约挂号
支付金额
¥7.00
请选择支付方式
微信公众号支付
点击“立即支付”
立即支付

请输入支付密码
哈尔滨医科大学附属第四医院
¥7.00
支付方式
储蓄卡(3482)
点击输入密码
1
2
3
4
5
6
7
8
9
0

支付成功
哈尔滨医科大学附属第四医院
¥7.00
完成
点击“完成”

支付成功
预约挂号成功
下一步：请遵从医护人员指示或参考就医导引
就诊人
就诊院区
总院区
就诊科室
口腔科门诊
就诊医生
(医师)
就诊日期
2021-01-21 14:30-15:00
挂号费用
¥7.00
查看我的预约
点击“查看我的预约”

否则点击左侧的“取消”。

退号成功后，会自动返回挂号记录界面，可以看到右下角显示“已退费”，点击左上角的“×”退出当前界面返回主界面。

返回主界面后，会看到提示信息，之前成功预约的口腔门诊已经成功退号，挂号支付的费用会原路退回。

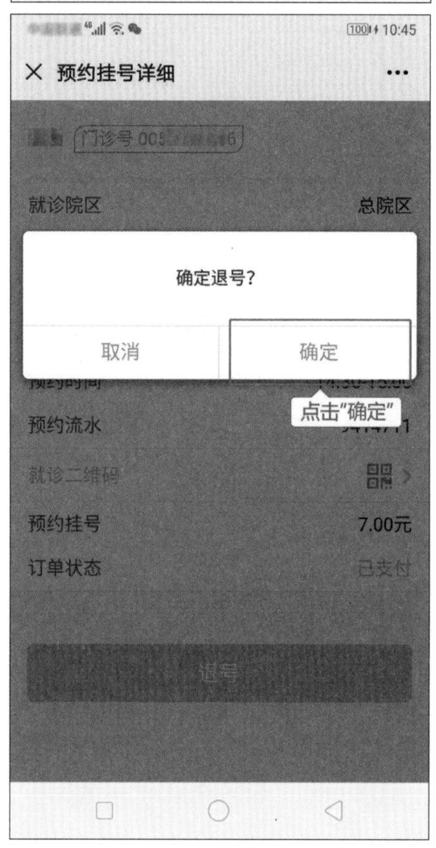

10:46
预约挂号记录
点击“退出”
不限
口腔科门诊 王
2021-01-21 14:30-15:00
宫涛
¥7.00
已退费
显示“已退费”

10:46
哈医大四院
您已成功预约挂号
尊敬的 您好
门诊号: 00 6
就诊日期: 2021-01-21 14:30:00
就诊科室: 口腔科门诊
挂号金额: 7
科室位置: 门诊三楼B区
看诊医生: 王
您已经预约成功，请于就诊当日到就诊科室就诊，具体以分诊时间为准。
哈医大四院为您和您家人的健康保
显示“您已成功退号”
您已成功退号
挂号
缴费
查询

第三章 信息安全

在中国，智能手机已经超越电脑成为第一大上网终端。随着智能手机的普及、科技的快速发展，有了微信、支付宝，不带现金出门已成常态，手机拍照更是日常习惯之一，手机的功能越来越多，已成为人们生活中不可或缺的一部分。

对于经常出差的商务人士来说，手机更是重要的办公工具，为了方便，工作资料、合作信息等或多或少都会存在手机里面，其中还有很多个人信息，一旦泄露出去，个人账户以及其他信息甚至财产安全都会受到威胁。但是现在人们已经离不开手机，手机上也不得不存放大量的个人信息。在使用手机的时候，应该怎么做才能保障手机中的信息安全呢？本章将着重介绍如何做好手机的信息防护。

1. 连接网络的安全事项

随着智能手机全面普及，Wi-Fi 网络也变得无处不在，人们去到餐馆、图书馆、咖啡厅，都会选择连接现场的公共 Wi-Fi 网络。但是，这些公共 Wi-Fi 往往并不安全。媒体已经多次报道，黑客利用公共 Wi-Fi 网络来窃取用户的个人信息。

北京银先生用手机通过公共Wi-Fi登录一家网上银行，1小时后他的银行资金被17次转账和取现，损失3.4万元；陈先生在南京一家酒店住宿时，连接不设密码的Wi-Fi打了一晚上手机游戏，天亮时发现游戏账号里的装备全部消失。

上述案件中，尽管当事人不同、上网地点不同，但其财产损失的原因相似，都是因为连接了免费的Wi-Fi。网络专家指出，免费的Wi-Fi很容易受到黑客攻击，个人隐私泄露是大概率事件，而网民对此却一无所知。此类案件反映了当事人网络安全意识薄弱和防范技巧缺失。餐饮店、酒店、咖啡厅等普通商家是Wi-Fi的高风险区，一根网线加一台无线路由器组成的免费Wi-Fi，往往“后门”大开，如果没有安全防范设置，就为黑客打开了方便之门。本节就一起来看看，连接公共 Wi-Fi 网络需注意的几个问题。

①必须使用加密网络

任何没有加密的 Wi-Fi 热点，都会轻易被黑客攻击。他们可以修改路由器的设置和数据植入木马病毒，制作假冒的 Wi-Fi 热点，或是通过网络散播有问题的钓鱼网站来感染用户的电脑和手机，最终窃取个人资料。所以，连接公共Wi-Fi时必须找有密码的网络，可以主动向工作人员索取密码。如存在多个同名Wi-Fi网络，可请工作人员协助甄别哪个才是商家真正的Wi-Fi。

如右图所示，带有密码的Wi-Fi网络通常都有一个锁头的小图标，且Wi-Fi名称下方会标注“加密”字样。而不设密码的Wi-Fi却没有锁头的图标，Wi-Fi名称下标注“开放”字样。

②尽量少用免费Wi-Fi

出门在外难免有手机流量不够用的情况发生，这时总是喜欢连接商家提供的免费Wi-Fi网络。但除了紧急情况，应该尽量少用或者不用。当大家聚餐或者是一起喝咖啡的时候，都喜欢摆弄一下手机。有时候大家都已经忘记聚餐的意义是什么。在这些时候，完全可以不使用手机，多和朋友进行语

言上的交流岂不是更好吗?

③ Wi-Fi 覆盖范围越大，速度越慢

一般人们都会认为 Wi-Fi 的连接速度要好于4G网络，其实不

尽然。 Wi-Fi 网络的覆盖范围越大，往往意味着使用的人数越多，速度也就越慢。即便有一些 Wi-Fi 热点号称有3000Mbps的速度，但是，如果3000人同时使用，速度也会相应变慢。所以，如果需要紧急查看一些信息，使用手机的5G网络可能会更快。

④尽量不使用网银或者转账业务

关于所连接的公共 Wi-Fi 安全与否，可能谁也无法给出准确的答案，因为安全也是相对的。所以，在使用公共 Wi-Fi 时，尽量避免进行网银以及转账类的操作。非要进行这类操作，建议切换到手机5G网络下操作会更安全。

⑤断开Wi-Fi后删除网络信息

大家都知道手机具备自动保存网络密码的功能，当成功连接某

个网络之后，下次再接近该Wi-Fi时，手机就会自动连接此网络。所以，在断开公共 Wi-Fi 后需要及时将已连接的网络信息删除，这样，即便以后有重名的网络，也不会自动连接。

在WLAN界面，找到曾经连接过的Wi-Fi网络名称后，长按，在弹出的菜单中点击“不保存网络”，这样就不会自动连接了。

2. 识别微信、短信中的非法链接

什么是链接?

链接是指在电子计算机程序的各模块之间传递参数和控制命令，并把它们组成一个可执行的整体的过程。链接也称超级链接，是指从一个网页指向一个目标的连接关系，所指向的目标可以是另一个网页，也可以是相同网页上的不同位置，还可以是图片、电子邮件地址、文件甚至是应用程序。

简单地说，链接就是由各种字母、数字、字符组成的一个网络地址，通常所说的链接基本就是代指网页链接，也称做网站、网址或网络链接。比如：http://www.10086.cn/，点击该链接后，手机界面会通过内置的手机浏览器自动跳转到另一个界面。

那么，什么样的网站链接是安全的，什么样的又是危险的呢?想要仅凭网站的地址来分辨，需要大量的网络基础知识，就算是电脑专家也不能百分之百地确定某个网络链接就一定是安全的。所以大家能做的就是尽量不要点击微信以及短信中的链接。

如图所示，该区域的地址就是链接，人们无法分辨这个链接是否安全，所以不能随意点击。

每年3·15都有曝光伪基站问题。如今的伪基站可以做到完全伪装成服务账号，比如10086或者10010。所以手机短信中的网页链接不要随意点击，很有可能是伪基站发送的钓鱼网站。

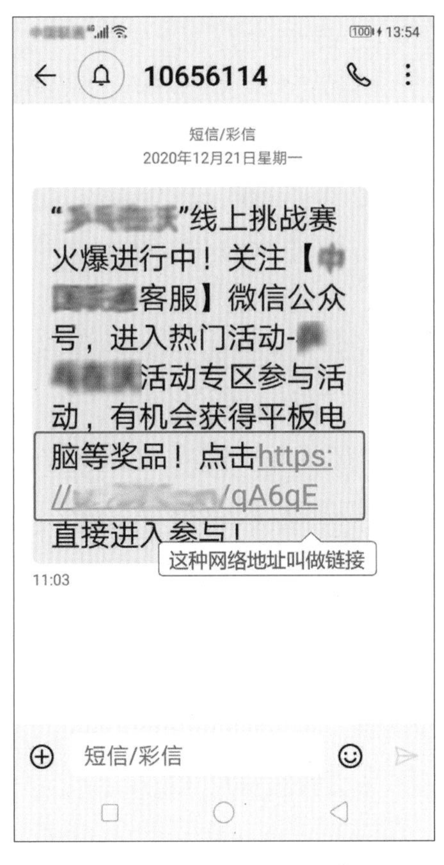

一般钓鱼网站都是由网络黑客们精心设计的有组织、有目的、能够诱使人们上当的网站，通过诱惑他人登录钓鱼网站并输入个人信息，从而威胁用户的私人财产安全。即使无意中打开了链接或网站，在无法确定该网站是否为钓鱼网站时，也不要输入自己的银行卡、密码、身份证号、手机验证码等相关信息，如有必要，可以请身边的朋友、子女甚至银行的工作人员来帮助分辨网站的真伪。

钓鱼网站在获取用户大量个人隐私信息后，还可以通过敲诈和贩卖用户信息获取利润。目前在国内，工信部和公安部设有专门的监管机构，但对钓鱼网站的诈骗行为也很难起到完全的打击和抑制作用。所以，与其依靠监管机构监督和打击，不如从根本上提高自己的防范意识，以防电信诈骗。

有时手机短信还会收到一些中奖信息。遇到这种天上掉馅饼的“好”事，也需要提高警惕，以免上当受骗！凡是通知中奖了，要求先缴纳各种所得税、手续费、保证金、公证费等，不领奖要交违约金、要起诉你的都是诈骗。真的中了奖，领不领是个人的权利，放弃不要主办方还会更高兴，不存在违约。这种骗局无需理会，千万不要汇款，必要时可以报警。

案例分析：

9月16日当天，事主刘女士的手机突然响个不停，瞬间涌入大量短信。

事主刘女士：“短信里说，我往别人账户里转账了10300

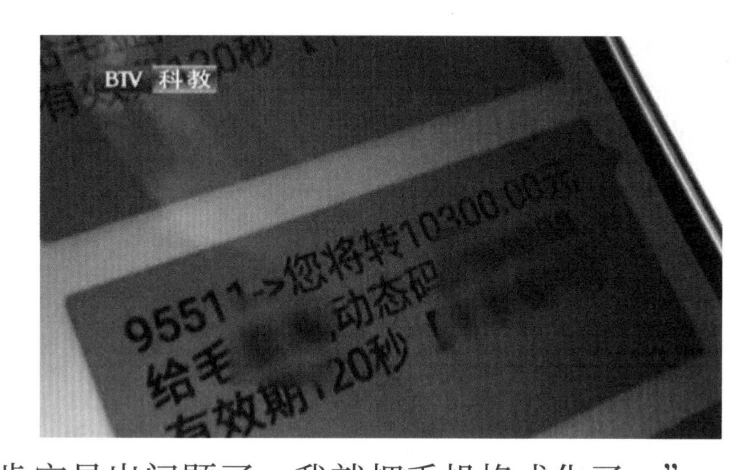

元，一下我就毛了！”

刘女士发现，自己手机绑定的3张银行卡，正在不停地向一个陌生账户进行转账汇款。

事主刘女士：“我觉得不对，手机肯定是出问题了，我就把手机格式化了。”

经过一番手忙脚乱的操作，刘女士将自己的3张银行卡进行了冻结，但仍有2万元钱被转走。那么，这些钱是怎么自动消失的呢？

事主刘女士：“我就点击过10086给我发的链接。”

原来，就在案发1个小时前，刘女士收到10086发送的短信，提示刘女士通过点开一个链接来将手机的积分兑换成礼品。而这个所谓的10086，其实是骗子使用虚拟改号器伪装的假号码，发送的链接也是带有木马程序的假链接。就这样，刘女士手机绑定的3张银行卡被诈骗分子入侵，获得了操作权限。

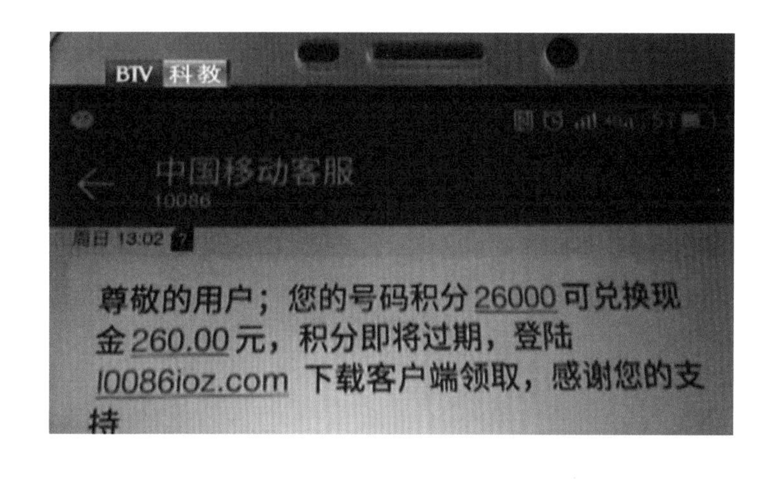

通过此案例可以发现，正是因为刘女士相信了诈骗短信的内容，误入了假冒的10086网站，导致自己损失了几万元。大家都知道，被不法分子骗走的钱是非常难追回的。所以在这再次提醒广大老年朋友，不要轻易相信短信内容，不要轻易点击其中的链接。

3. 手机病毒查杀

什么是手机病毒？

手机病毒与医学上所说的病毒毫无联系，对人体不具备传染性。本章节中所说的手机病毒是指像电脑病毒一样，人为编写的，有破坏性、传染性和潜伏性的，对手机内的信息或系统起破坏作用的一种指令或者程序代码。它不是独立存在的，而是隐蔽在其他可执行的程序之中，通常情况下，称这种具有破坏作用的程序为手机病毒。

手机中病毒后，轻则影响手机运行速度，导致死机或系统遭到破坏；重则个人资料被删、个人信息泄露、个人财产遭窃。一旦手机中了病毒，将会给用户带来很大的损失。

在各种各样的手机病毒中，影响最大的就是木马病毒。木马病毒之所以可怕，是因为它和其他类型的病毒最终目的不一样。只要手机中了木马病毒，不同于普通的电信诈骗，木马病毒不需要多费口舌，就能自动窃取手机中的数据进行转账汇款等操作。那么，应该如何防范手机病毒呢？

①不要轻易打开短信链接、彩信图片

前文中已经介绍过，不要随意打开手机短信中的链接，也不要打开彩信中的图片。在短信链接和彩信图片中都可以植入木马病毒。一旦打开了骗子的链接或图片，手机就会被其中植入的木马病毒入侵，造成信息或财产的损失。

②不要随便在别人电脑上使用手机内存卡复制文件

如今的智能手机就像一部微型电脑，可以以U盘的形式，通过数据线连接电脑，与电脑之间传输数据、拷贝文件、给手机安装系统等。在日常使用中，无论是自主操作还是请求别人帮忙操作，都应该尽量避免用数据线把手机与电脑连接。因为一旦手机用数据线连接上电脑，电脑就会获取手机的最高权限，从而被人为植入非法程序或病毒；在把数据资料从电脑拷贝到手机的过程中，也可能会

把电脑中的病毒感染到原本十分干净安全的手机中。

③不要轻易从网站下载手机软件和游戏

前文学习过如何给手机下载安装软件，除了在应用商店中可以下载软件和游戏外，在浏览器中打开网站同样也可以下载，如右图所示。

不同于应用商店的是，浏览器中下载软件，需要了解软件的真实官方网站，不然很可能进入了虚假的网站，下载了假冒的软件或游戏。表面上看起来与真实的软件无异，但其实已被不法分子植入了病毒或恶意软件，一旦安装了这种假冒的软件，很可能会导致手机自动下载安装大量的垃圾软件，轻则浪费手机的流量、存储空间，重则手机中毒，丢失数据和个人敏感信息。所以平时下载软件和游戏，尽量在手机应用商店中搜索，不要轻易在浏览器中下载。

④安装手机杀毒软件

杀毒软件，顾名思义就是杀死手机病毒的软件，也称反病毒软件或防毒软件，是用于消除手机病毒、特洛伊木马和恶意软件等威胁的一类软件。

随着手机功能的强大，手机连接互联网的功能日益先进，使得手机这个私密的物品会被外界入侵，甚至会丢失掉手机里的重要信息。维护手机安全，手机杀毒软件起着非常重要的作用。手机杀毒软件具有病毒扫描、实时监控、网络防火墙、在线更新、系统管理等功能，可以全方位地保护手机安全。

因为个人对手机安全十分注重，病毒无论是通过蓝牙或网络传播，都必须得到机主同意，获取授权，所以病毒最重要的一个特性是传播性不会很强，因此手机病毒并不会大爆发。但还是要小心，对于一般用户而言，手机病毒的危害远比电脑病毒大得多。毕竟，电脑中毒最多系统重装，手机中毒将可能导致话费损失等等。所以，需要一个强大的手机杀毒软件来保证手机的安全。

现有的手机安全软件种类众多，其中有腾讯手机管家、联想乐安全、360手机卫士、金山手机卫士、网秦安全、LBE安全大师、百度安全管家等等。本节以360手机卫士为例，来学习如何为手机查杀病毒。

360手机卫士是一款免费的手机安全软件，集防垃圾短信、防骚扰电话、防隐私泄漏、对手机进行安全扫描、联网云查杀恶意软件、软件安装实时检测、流量使用全掌握、系统清理手机加速等功能于一身。

在手机的应用商店中输入“360手机卫士”，搜索并安装。

安装后，在桌面找到图标并点击打开360手机卫士。

点击界面下方的“进入极智时代”，再点击下方的“同意”。

进入360卫士后，在主界面可以看到清理加速、欺诈拦截、软件管理、手机杀毒四大功能。“清理加速”功能是用于清理手机中的一些垃圾文件；“欺诈拦截”功能可以查看系统自动拦截的一些垃圾短信；“软件管理”可以一键卸载软件；“手机杀毒”用于查杀手机中的病毒，也是主要要用的功能。点击“手机杀毒”按钮进入杀毒界面。

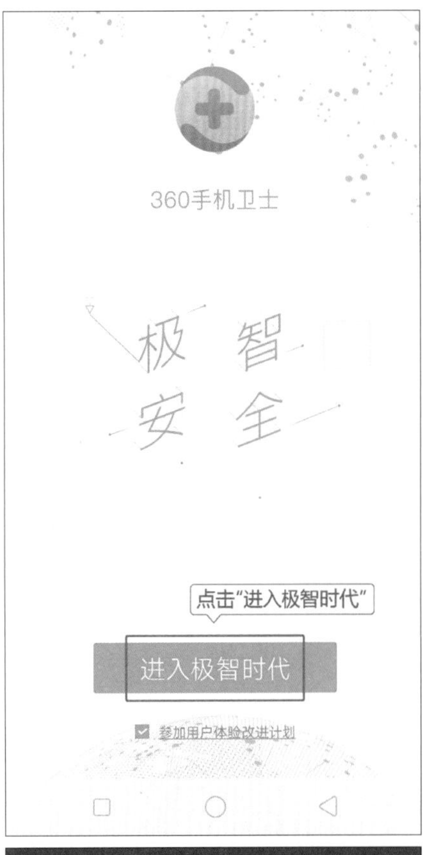

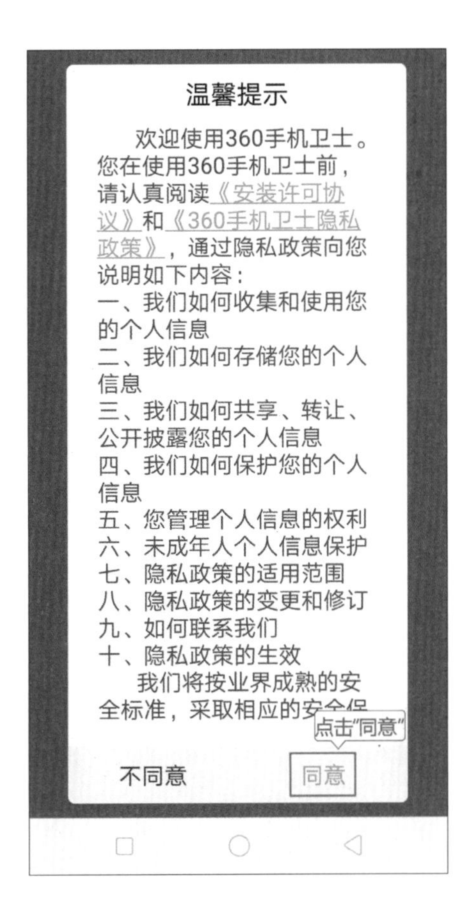

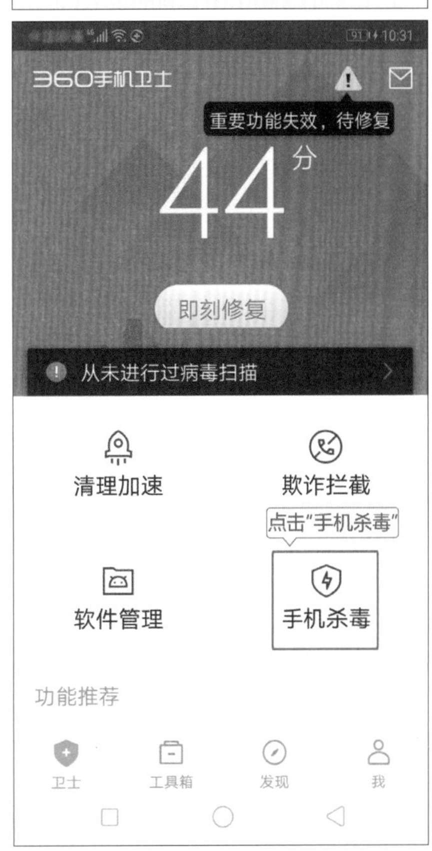

在杀毒界面点击“快速扫描”按钮进行病毒扫描，扫描结束后，若没有病毒，即可点击下方“完成”按钮。

还可以用下拉手机顶部的方式，打开导航栏中的“一键清理”功能，在弹出的“权限申请”界面点击“去设置”按钮，再点击“始终允许”。

进入“清理加速”界面后，点击“一键清理加速”按钮，开始清理。在清理成功后，会弹出清理完成的界面，点击左上角的“返回”键返回。

也可以用下拉手机顶部的方

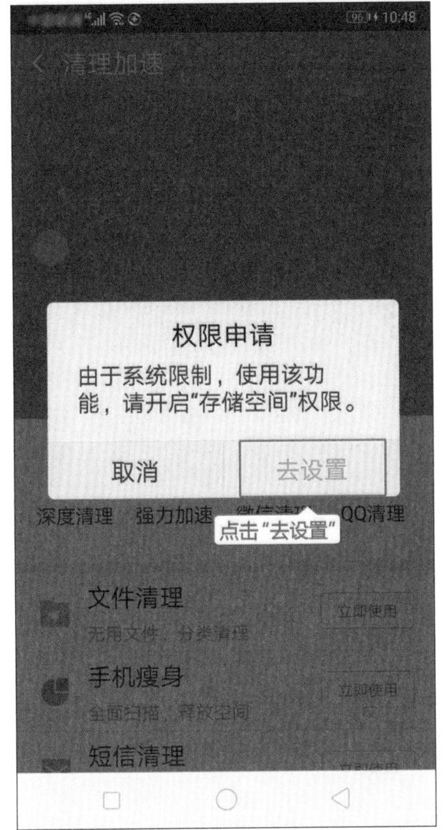
清理加速
权限申请
由于系统限制，使用该功能，请开启“存储空间”权限。
取消
去设置
深度清理
强力加速
QQ清理
点击“去设置”
文件清理
无用文件，分类清理
立即使用
手机瘦身
全面扫描，释放空间
立即使用
短信清理

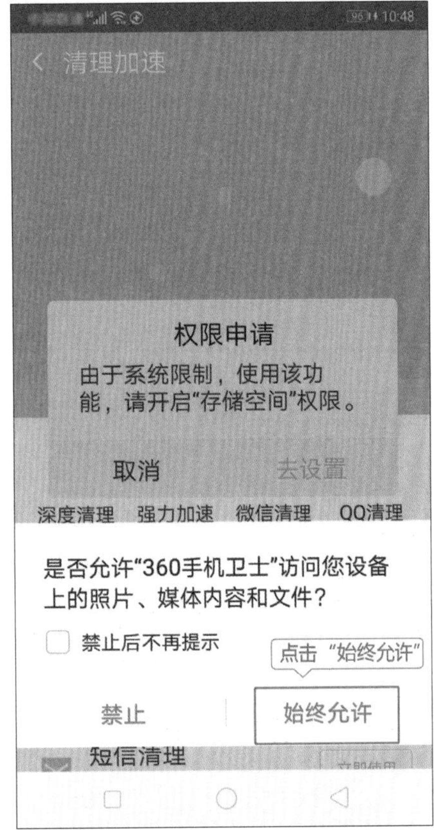
清理加速
权限申请
由于系统限制，使用该功能，请开启“存储空间”权限。
取消
去设置
深度清理
强力加速
微信清理
QQ清理
是否允许“360手机卫士”访问您设备上的照片、媒体内容和文件？
禁止后不再提示
点击“始终允许”
禁止
始终允许
短信清理

清理加速
13.0MB
放心清理 >
一键清理加速
点击“一键清理加速”
深度清理
强力加速
微信清理
QQ清理
文件清理
无用文件，分类清理
立即使用
手机瘦身
全面扫描，释放空间
立即使用
短信清理

清理加速
点击返回
清理垃圾13.0MB
发现 新增文件及无用照片
立即查看清理
手机剩余存储空间 85%
深度释放空间

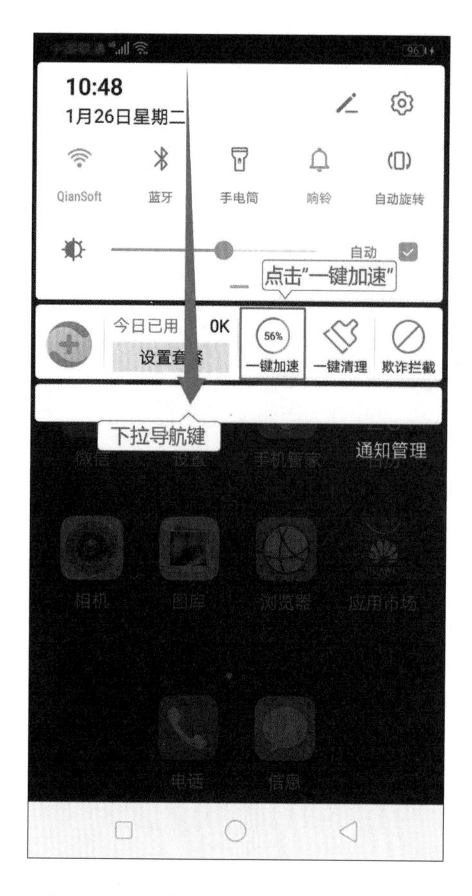

式，打开导航栏中的“一键加速”功能，来对手机进行加速。加速完成后，点击右上角的“×”关闭界面。

后记

随着移动互联网的快速发展和智能设备的普及，智能手机与微信软件也变得越来越流行，在我国的普及率节节攀升。智能手机不仅在年轻人当中大受欢迎，也正在逐步取代陈旧简陋的“老人机”，成为老年朋友的“新宠”。从社交到娱乐、从旅游到购物、从阅读到养生，这些都可以在智能手机上实现。在智能手机与微信软件流行的趋势下，许多老年朋友也加入了使用智能机与微信的行列。对于老年朋友来说，学会使用智能手机，能够为生活提供很多方便。例如：可以和在外地工作的孩子视频通话，亲眼看看他们的生活以解相思；和多年未见的朋友语音聊天，可以聊一整天而不用担心话费过多的问题；每天拼手速抢红包，抢得不亦乐乎；看朋友圈、发动态等乐在其中。

智能手机给老年朋友与家人或朋友联系提供了方便，也丰富了他们单调的生活，使他们不再感到孤独寂寞！然而，大部分老年朋友对智能手机的许多功能和使用技巧还不熟练，对于其在实际生活中的应用方法也是一知半解。本书就是专为老年朋友编写的智能手机与微信使用教程，手把手地教老年朋友如何使用，帮助老年朋友用好智能机，让沟通更高效、生活更多彩。

本书从智能手机的基本操作开始讲解，逐步过渡到微信等热门且实用的功能在生活与社交中的应用。以荣耀9手机为演示基准，对每个操作均以“一步一图”的方式进行讲解。直观的图片演示和详尽的操作指导，让老年朋友一看就能明白，学习体验更加轻松、高效，让老年朋友手中的智能手机真正成为本领高强的“好帮手”。